건축이 샘솟는
건축디자인 세계

건축이 샘솟는 건축디자인세계

발행일 : 2025년 08월 30일
출판사 : 하랑출판
주　소 : 서울시 중구 퇴계로28길 8
전　화 : 02. 2263. 3337

CONTENTS

프랑크푸르트 독일상업은행
Commerzbank Headquarters

독일 상업은행은 독일 최대의 상업은행으로 1991년 국제지명설계로 노만 포스터가 선정되어 이루어진 생태 도시의 개념이 반영된 최첨단의 오피스로, 노만 포스터(Norman Foster)의 홍콩 상하이 은행에서는 실현하지 못했던 공중정원 개념을 이 프로젝트에서는 자연 친화적인 공간으로 실현한 최고의 생태학적 고층빌딩으로 53층 규모에 300m 높이 정도로 프랑크푸르트의 스카이라인을 새롭게 형성하고 있다. 초기접근부터 생태학적인 면을 드러내려고 노력하였으며 그와 같은 노력의 결실은 오피스 빌딩이라는 정형화된 건물의 이미지와 내부공간을 완전히 바꾸어 놓았다. 특히, 건물 내에는 오피스에 대응하는 4층으로 분절된 생태학적인 공중 정원(Sky Garden)이 나선 모양으로 상승하고 있는데, 이것은 오피스로부터의 경관적, 사회적인 초점을 강조하기 위한 것이다. 이 공중 정원으로부터 건물의 중앙에 위치하는 보이드 된 아트리움을 통해 신선한 공기를 도입하여 각 오피스로 배분하는 것이다. 엘리베이터, 계단실, 설비실 등은 3각형의 코너부에 배치되어 있으며, 그곳의 코어를 포함하는 2개조의 수직 마스트가 8개 층에 걸치는 비렌데일 빔(virenedeel beam)을 지지하기 위해, 오피스에 붙어 있지 않은 무주공간으로 처리되었다. 이 공중 정원은 노만 포스터가 〈홍콩 상하이 은행〉에서는 실현할 수 없었던 디자인이었다. 그 후, 노만 포스터와 일본의 오오바야시구미 설계부가 협동으로 디자인한 〈밀레니엄 타워〉 프로젝트에서도, 이 곳의 공중 정원이 명확히 디자인되어 있다. 이를 근거로 하여, 노만 포스터가 다년간 꿈꾸었던 디자인이 〈독일 상업은행〉에서 실현되었다고 할 수 있는 것이다.

Norman Foster의 건축사고과정
: 프랑크푸르트 독일 상업은행에 대하여

렌조 피아노 건축사무실(Renzo Piano Building workshop)이 다룬 베를린의 〈데이비스 타워〉와 노만 포스터 건축사무실(Norman Foster and Partners)에 의해 설계된 프랑크푸르트의 〈코메르츠뱅크 본사 빌딩〉은 두 건물 모두 독일에 있는 기업의 본사 빌딩이라는 점이 공통적이다. 독일은 거국적으로 사회, 환경 문제에 진지하게 대치하고 있기 때문에, 그에 따라 어떤 빌딩에도 기업뿐만 아니라 일반 시민도 이용할 수 있는 유리 천장을 사용한 내부 공간이 설치되어 있으며, 위층의 오피스의 경우, 일년 중 대부분을 자연 환기가 가능하도록 높은 에너지 효율을 유지하기 위해 빌딩 외벽에 유리 피복을 사용하고 있다.

렌조 피아노는 스스로가 마스터플랜을 만들던 지역에서 다수의 건축을 다루고 있는데, 〈데이비스 타워〉 역시 그 중 하나이다. 렌조 피아노의 경우는 이와 같이 신도시 전체의 설계를 담당했기 때문에, 〈데비스 타워〉와 주위 건축과의 조화를 유지하는 것은 그다지 어렵지 않았다. 이에 반해, 〈코메르츠뱅크〉는, 기존의 도시 환경 가운데에 새롭게 세워짐으로써 새삼스럽게 주위에 건축된 건축물들을 의식할 필요가 있었다. 그럼에도 불구하고, 보다 포괄적인 해결안을 제공한 것은 〈코메르츠뱅크〉 쪽이었다. 양자 모두, 옥외와의 연결을 유지하고 있는데, 고 에너지 효율을 획득했다는 점에서는 서로 우열을 가리기 어렵지만, 〈코메르츠뱅크〉는 고층빌딩 그 자체가 활기 넘치는 사회의 메카니즘으로서 기능할 수 있다는 것을 증명함으로써, 향후의 고층빌딩 건축의 지침을 제공했다는 점을 높게 평가하여야 할 것이다.

1

2

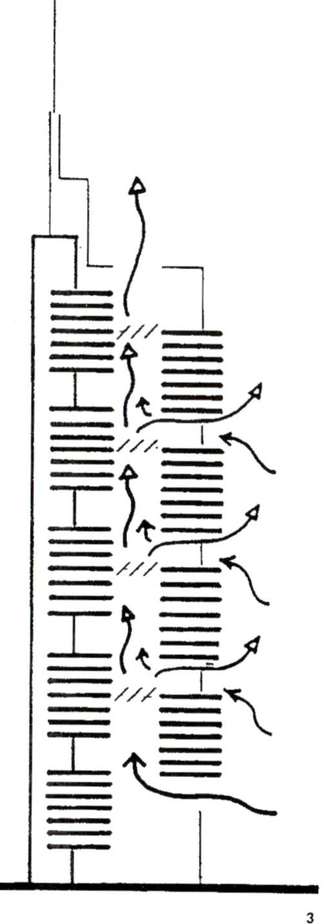

3

높이 258m, 최상부의 탑 높이를 계산하면 298m의 높이를 자랑하는 〈코메르츠뱅크 본사 빌딩〉은 유럽에서 가장 비싼 빌딩이기도 하다. 그럼에도 불구하고, 멀리서 보았을 때, 프랑크푸르트의 금융가에 밀집한 다른 고층 타워와 비교해 특별히 눈에 잘 띄는 건물이지도 않다. 하지만, 이러한 인상에 혼돈 되어서는 안 된다. 왜 냐하면, 높이보다 좀 더 특필해야 할 개념이나 특색이 여기저기에 숨어있기 때문이다. 노만 포스터 건축사무 실은 고층빌딩에 대한 지금까지의 개념을 근저에서부터 뒤집어, 실제로 고층빌딩을 재 발전시키는 위업을 완 수했던 것이다. 물론, 지금까지도 실현이 된 것은 아니지만 이러한 디자인의 힌트를 몇 사람의 건축가가 제 공하고 있는 것도 사실이다. 쟝 푸르베 및 아만시오 윌리암스, 사우디아라비아의 SOM에 의한 삼각 빌딩, 켄 영이 제창하는 말레이지아의 〈바이오 크라이마틱 타워〉 등이 그것이다. 하지만, 〈코메르츠뱅크〉는 이러한 아 이디어뿐만 아니라, 환경에 대한 배려 그리고 최신의 엔지니어링 기술을 교묘하게 융합시키고 있다. 그 결과, 기술적인 측면(구조적인 면 및 서비스 에어리어에 대한 해결안 등) 뿐만 아니라, 사회적인 측면에서 보아도 매우 획기적인 건축이 실현되었다. "그린(green)" 전략에 의해, 화석연료와 물을 절약하는 한편, 자연광과 신 선한 공기를 실내에 충분하게 공급하고 안에서 일하는 사람 모두에게 초록의 식물과 접할 수 있고 즐길 수 있도록 하는 고층빌딩이 실현되었기 때문이다. 더욱이 타워 외주부의 저층 빌딩에 대해서는, 스케일이나 벽 면 선을 맞추어 부근의 19세기 건축과의 조화를 의식한 구조가 인상적이다.

종래의 고층빌딩에서는, 임대 시의 편리성을 중시하거나 외벽의 폭을 최소한으로 줄이는 등, 플로어의 효율 적 이용을 가장 우선 생각하여 오피스 스페이스를 모두 중앙의 코어 주변에 고정적으로 배치하고 있다. 하지 만, 고층 타워를 미스 풍의 직사각형의 구조로 해 버리면, 생기가 느껴지지 않는 광장 너머로 뒤로 물러서지 않으면 안되게 되어, 대로나 거리의 풍경과 외관의 연결이 붕괴되어 버리게 된다. 한편, 대로를 따라 스텝 백 (step back)되면서, 더욱이 상당히 높은 빌딩이 되면, 저 층의 깊이가 매우 깊어지기 때문에 거주자는 거의 지하에 있는 것과 같은 어슴푸레한 분위기에서의 생활을 피할 수 없게 되는 것이다. 저 층뿐만 아니라 가운

4

5

프랑크푸르트 독일상업은행

데의 어떤 층에서도 변화하지 않는 구조의 빌딩에서는 사무 의욕을 저하시키는 인공 조명이나 공기조절 등에 의존하지 않으면 안되게 되어, 에너지 소비량도 따라서 높아진다. 확실히, 초기 투자 코스트와 총 바닥 면적에서 차지하는 임대 면적의 비율만을 생각하면, 포스터의 이 빌딩은 코스트 효율이 좋다고 할 수 있다. 그러나, 건물의 라이프 사이클 코스트가 매우 비싸게 드는 것이나, 안에서 일하는 사원들(그들에게 지불하는 급료는, 초기 투자 코스트의 몇 십배나 된다)의 건강이나 정신 상태를 생각하면 코스트 효율이 나쁜 빌딩이라고 하지 않을 수 없다.

〈코메르츠뱅크 본사 빌딩〉은, 실내 전체에 한층 더 보이드 된 중앙의 코어에 직접 자연광이나 신선한 공기를 들여옴으로써 자연스러운 환기 시스템을 실현하는 등, 종래의 고층빌딩에서는 생각할 수 없었던 개방적인 구조로 처리되어 있다. 중앙의 코어 부분에 엘리베이터나 계단 및 서비스 에어리어를 두는 대신에 이 부분을 보이드로 처리한 것은 자연광이나 신선한 공기를 충분하게 실내로 들여올 수 있도록 해주며, 코어는 정삼각형의 3개의 모퉁이 부분에 설치했다. 이들 코어 사이에는, 8층 정도 높이의 거대한 피렌데일 트러스가 대칭을 이루며 전개되어 있고 트러스는 곡선을 그리면서 외측을 향해 설치되어 있다(안정성을 생각해, 코어는 지주간의 간격을 넓게 취했지만, 튜브 구조를 취함으로써, 이 안정성은 한층 확실한 것이 되었다. 이것은, 오브 에럽의 구조 엔지니어 크리스 와이즈의 아이디어이다). 피렌데일 트러스는 전혀 기둥이 없는 오피스의 보를 지지하는 역할을 하고 있다. 오피스는 모두, 반드시 내향 혹은 밖으로 향해 창이 배치되고 있다. 삼각형 빌딩의 세 변중, 오피스가 수용되어 있는 것은 두 변뿐이다. 나머지 한 변에는, "공중 정원(sky garden)"이 설치되어 있다. 이 공중 정원은, 하나가 4층의 높이를 지니며 어느 한 변이 끝나면 다음은 옆의 다른 변으로 이동하는 방식으로, 층이 상승함에 따라 나선 모양으로 전개되고 있다. 자연광이나 신선한 공기의 대부분은 이 스카이 가든을 경유하여 중앙의 보이드 부분 및 오피스에 널리 퍼지게 되어 있다.

6

"공중 정원(skt garden)"은 안 쪽을 향하여 전개되는 오피스의 창에서 잘 보인다(밖으로 향한 것보다 안쪽을 향하는 오피스가 바람직하다는 생각이 현재 코메르츠뱅크 사원의 일치된 견해이다). 거의 모든 오피스로부터 2개의 뜰이 보이는데, 한 쪽은 하늘로 향해 전정과 같은 모습으로, 다른 하나는 아래층의 거리풍경을 향해 전개되고 있다. 더욱이 자신이 있을 곳을 정하기 쉽도록, 식재의 종류(및 코어의 칼라 코디네이션)에도 변화

를 주고 있다. 서향의 정원에는 카에디 또는 삼나무와 같은 북미 산의 나무를 식재 하였으며, 동쪽 방향의 정원에는 대나무나 마트 등 아시아 산의 나무를 그리고 남향의 정원에는 올리브나 지중해 산의 허브를 심었다. 게다가 커피 바 또는 식재의 틈새에 사람들이 모여 앉아 아름다운 경치를 즐길 수 있도록 배려했다. 이것이야말로 실제로 고층빌딩에 "마을의 공동사회적"인 분위기를 연출하려는 포스트의 의지의 표현이라 할 수 있다. 하나 하나의 정원이 녹색이 넘치는 마을의 모임 광장역할을 하고, 창 너머로 240명의 종업원에게 제공되고 있는 것이다.

또한 중요한 것으로, 이러한 정원도 사교의 장소 중 하나에 지나지 않는다는 것이다. 공용의 오피스, 코어와 코어 사이에 있는 30명을 수용하는 "콤비 오피스"의 폭이 넓은 통로, 1층에 있는 유리 천장을 설치한 "플라자" 등, 여러 가지 스케일의 사교 장소가 제공되고 있다. 플라자에는 일반 시민도 이용할 수 있는 레스토랑이 있다. 이곳으로의 접근은, 북측대로인 그로세가르즈 대로로부터 폭이 넓은 계단을 올라, 장대하지만 조금 썰렁해 외로운 인상을 주는 리셉션 에어리어를 지나, 길이 구부러지는, 좀 더 간단하게, 남쪽의 카이셀 광장으로부터 계단을 오르면 된다. 플라자는 보행자용 통로에 위치하여, 같은 블록에 있는 구 사옥에 근무하는 1,200명의 사원 및 신 사옥에 다니는 2,300명의 사원이 부담 없이 모이는

프랑크푸르트 독일상업은행

장소일 뿐 아니라 은행과 거리의 접점으로서의 역할도 하고 있다. 사원들은 이 타워로 점심을 배달시킨 후, 매회 다른 공중 정원에서 식후의 커피를 즐기고 있다고 한다.

통상의 고층빌딩에서, 자유롭게 창을 개폐해 자연 환기를 할 수 없는 이유는 강풍이나 비에 대응할 수 없기 때문이다. 이 문제를 해결할 수 있도록 〈코메르츠뱅크〉에서는 전동식으로 하단을 축으로 안쪽을 향해 열리는 창의 상하에 수평 방향으로 환기통을 배치한 복층 유리가 채용되고 있다. 온도가 극단적으로 높고 낮거나 악천후, 혹은 광화학 스모그 등이 발생했을 때는, 컴퓨터로 제어되는 빌딩 관리 시스템(Building Management System, BMS)이 작동해 자동적으로 창이 닫히는 구조로 되어 있지만, 그 이외의 경우 창의 개폐는 근처에 있는 사원이 자유롭게 닫을 수 있도록 되어 있다. 이러한 "호흡하는 벽" 이외에도, 냉각 천장을 마련하거나, 여름철에는 창을 개폐하는 것으로 실내의 열을 배제해 시원한 밤 공기를 받아들이며 더욱이 동절기에는 창문턱 밑에 대류 히터를 설치함으로서, 일년 중 60%이상의 계절에 있어 자연 환기가 가능토록 했다. 비 가리개와 내벽 사이의 165mm의 틈새에 설치한 전동식 베네치안 블라인드도 역시 BMS로 제어되고 있다. 일교차가 생기면, 이것이 자동적으로 내려오는 구조로 되어 있어, 블라인드의 각도도 여름에는 직사광선이 들어오지 않도록, 반대로 겨울에는 가능한 한 일교차를 막을 수 있도록 자동 조절된다.

안쪽을 향해 전개되는 오피스에서는 비 가리개가 필요 없기 때문에, 중앙의 보이드에 접한 창은 활짝 열려있다. 스카이 가든의 유리는 높고 강한 햇볕을 아래에 반사시키기 위해 경사져 있으며 이 타워 부분에 설치된 회전창으로부터 신선한 공기가 상시 안으로 들어올 수 있다. 이것이 닫혀진 한 겨울에는 초록의 식물이 유리 너머로 들어오는 겨울의 낮은 햇볕에 의해 따뜻하게 데워진 공기를 정화해 실내의 건조를 막는 역할을 하고 있다. 중앙의 보이드는 "굴뚝 효과"의 대류에 의해 강한 상승 기류를 일으키게 할 우려가 있었기 때문에, 리셉션 로비 층에서 옥상까지 12층마다 3매의 유리 격벽을 설치하여 공극을 봉쇄하고 있다.

12

훌륭한 전망과 변화가 풍부한 공간 배치를 제외하고 생각하면, 노만 포스터 건축사무실의 다른 작품에 비해, 〈코메르츠뱅크〉는 그 수준에도 못 미치고 우아함도 결여되는 단점을 지니고 있다는 결론에 이르게 될 것이다. 이것은 레이더 반사를 최소한으로 억제하기 위해서 채용하여, 특별히 피복 가공을 한 층 유리벽의 외벽이 단조로워 매력이 없어 보이기 때문이며 더욱이 공공 스페이스가 세련된 구조도 아니고 또한 예산도 한정되어 있었기 때문이기도 하다. 그럼에도 불구하고, 이 건축물은 노만 포스터의 작품 중 가장 강한 영향력을 지니는 하나의 건축물이라 말할 수 있다. 그는 항상, 사회적인 측면, 환경적인 측면을 배려한 건축의 중요성을 강조하고 있었지만, 이 작품만큼, 그러한 생각이 강하게 표현되고 있는 것도 없기 때문이다.

지금까지 아무리 잘 계획된 고층빌딩이라 하더라도, 단점의 측면이 있는 것은 부정할 수 없다. 주변 건물의 일조 조건이 나빠지고, 빌딩풍(風)의 원인이 되기도 하기 때문이다. 또한, 교통 정체의 악화에도 연결된다. 그러므로, 오브 애럽이 런던의 브로드 게이트에서 다룬 일련의 빌딩과 같은, 아트리움과 중정이 있는 중간 정도 높이의 빌딩 쪽이 장래의 도시의 모습으로서는 바람직하다는 견해도 가능하다. 주변에 수많은 건물이 나란히 서있는 거리에 있으며, 지중해성 기후에 맞는 아웃 도어 스페이스가 있어 기후가 허락하는 한 이러한 옥외의 분위기를 즐길 수 있는 빌딩이 그것이다. 그러나, 향후 고층빌딩이 계속 세워진다면, 〈코메르츠뱅크〉는 그 모범이 될 수 있는 건축물이다. 물론 여기에는, 건축가가 이 작품의 좋은 점을 솔직하게 받아들이고, 이 작품에는 어떠한 형식주의에도 의지하지 않는 오리지날리티(originarity)를 만들려는 의도가 있어야 한다는 조건이 붙는다. 즉, 포스터 건축의 후원자들을 실망시킬지도 모르는 따분함이나 우아함이 부족한 것이 오히려, 이 작품을 설득력이 있는 장래의 고층빌딩이 있어야 할 모습을 제공하는 요소와 다름없는 것이다.

13

14

Oper Frankfurt
Schweizer-Nati

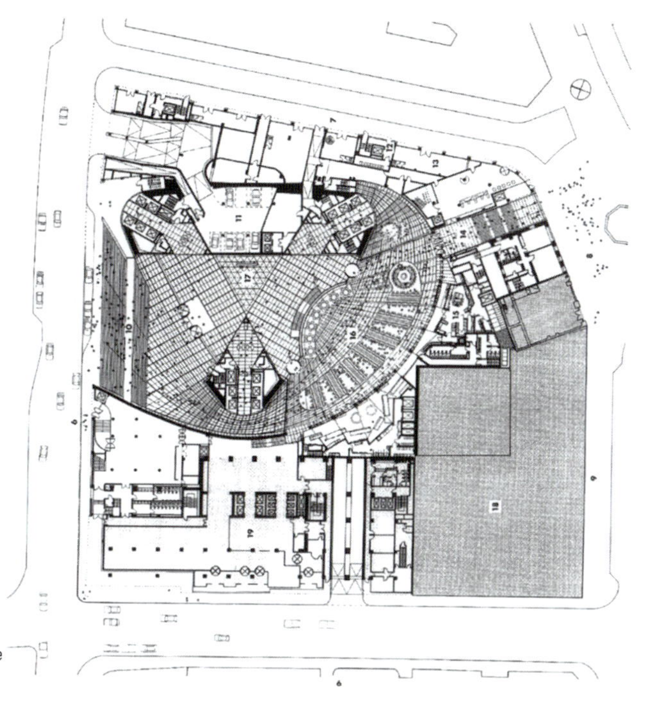

플라자층 평면도
1. 북측코어
2. 동측 정면
3. 유리아트리움데크
4. 남측코어(통과 ELEV)
5. 서측코어(정차 ELEV)
6. Grosse Gallusstrasse
7. Kirchmerstrasse
8. Kaiserplatz
9. kaiserstrasse

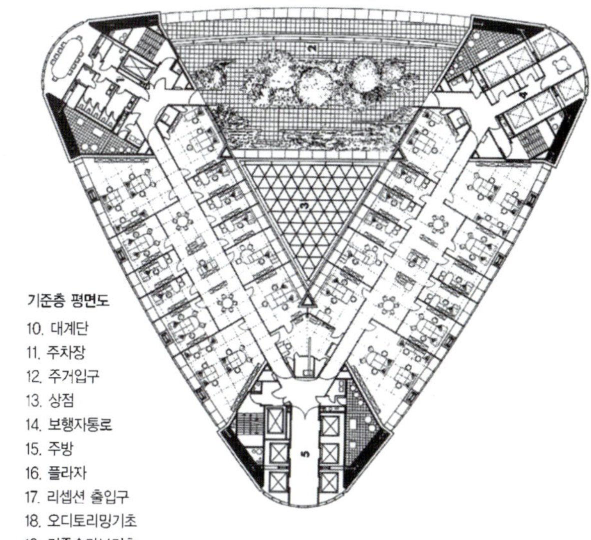

기준층 평면도
10. 대계단
11. 주차장
12. 주거입구
13. 상점
14. 보행자통로
15. 주방
16. 플라자
17. 리셉션 출입구
18. 오디토리밍기초
19. 기존슬라브기초

빌라 VPRO
VILLA VPRO

이 건물의 건축가인 MVRDV는 네덜란드의 신예 건축가 그룹으로 이들은 실험적이면서도 과감한 건축적 제안을 내놓기로 유명한데, 그 제안이 받아들여지고 디자인이 통용되는 것은 이들의 건축적 사고가 분명 현대 건축사(建築史)의 한 맥락 내에 위치하고 있기 때문이라 할 수 있다. 이들의 작업은 네덜란드 기능주의의 건축적 전통에 한쪽 발을 두는 한편, 다른 측면에서는 건축과 디자인에 있어서의 현대적 공동전선, 즉 카오스 이론(Chaos Theory), 반미학(anti-aesthetics), 탈기능주의(post-functionalism)와 같은 광의의 철학적 포스트모더니즘의 논리에 다른 한 발을 두고 있다. 이들은 현대 네덜란드 도시의 문제를 예민하게 받아들이고 있으며, 자신들 건축적 사고의 감수성을 통해 객관적이면서도 기계적인, 그러나 결코 형식주의이거나 실용적 기능주의가 아닌 새로운 해결책을 만들어 내고 있다. 이들의 해결책은 새로운 형태의 고안 또는 창조의 과정이 아니라, 오히려 일반상식을 초월하며, 현존하는 제약들을 재현함으로써, 그것이 의미하는 정보에 관련된 형태를 표명하고 있다. 이 작업이 바로 "데이터스케이프(datascapes)"인데, 건축물에 영향을 주는 현대 사회의 보이지 않는 힘을 보이게 만드는 수단, 즉 외부로부터 부과된 제약(사회적, 경제적, 정치적 정보)을 코드화하는 방법이다. 또한 Villa VPRO에서 나타나는 랜드스케이프(landscape)로서의 건축적 특성은 매우 분명하다. 이 특성은 도시적 차원의 고밀도성을 표현하기 위한 수단의 일환으로 이루어진 것이다. 도시에서 나타나는 밀도의 건축적 표현. 이는 프로그램상의 기능적 요구와 면적을 해결하는 방법이기도 하지만 그에 앞서 지역의 도시적 밀도의 문제를 시각적으로 표현한 것에 더 무게를 둘 수 있다. 밀도를 표현하고자 할 때, 기존의 방식인 층 당 면적 배분은 한정된 높이와 볼륨 안에서는 전혀 효과를 발휘할 수 없었다. 그래서 등장한 것이 다층위(multi-layer)와 멀티 그라운드의 개념이며, 층 당 높이의 한계 내에서 주어진 프로그램을 수용하기 위한 단면 디자인이 이루어진 것이다. 북측 입면에서 나타나는 연속된 층의 개념은 기존의 한 층, 한 층의 층 당 개념에서 볼 때 매우 혁신적인 것으로 폴딩(folding)의 이미지를 보이며 콘크리트의 가소성을 이용하여 역동성을 나타내는 효과를 보이고 있다. 이러한 선제 건축의 효과는 하나씩 분리되어 적용된 개념의 표현이라기보다는 도시적 차원에서 다루어진 고밀도성의 연속된 결과로서 이해할 수 있다. 아무튼 오피스로서의 이 건축물은 업무시설에 대한 상식적인 인상과는 상당히 동떨어진 이미지를 던져준다. 전면도로를 면하여 마치 칼로 내부 매스를 잘라 때어버린 듯한 정면은 Wozoco 아파트만큼이나 혁신적이고 과격하며 네덜란드 아방가르드의 현대적 위치를 보여주는 대표적인 사례이다.

MVRDV의 건축사고과정과 디자인 특성

MVPDV

현대 네덜란드 건축의 상황

일련의 네덜란드 건축가들이 지적하고 바와 같이, 1990년대의 네덜란드는 특수한 상황에 처해있다. 이는 다소 긍정적인 요인으로도 작용하는데, 새로운 신진 건축가들에게 많은 기회가 부여되고 있기 때문이다. 네덜란드의 특수한 상황이란, 경제의 건실하고 비약적인 발전으로 인한 도시의 확장, 도시내의 상당한 인구밀도, 많은 사람들이 기대하는 엄청난 주택의 수요(공공주택) 등이 작용하여 많은 수의 저렴한 대형건물의 건설이 가능케 되었다는 점이다. 경제가 활성화되면서 나타나는 건축경기의 활성화 및 다양한 건축 유형의 등장 그리고 건축가들에게 부여되는 많은 수의 디자인 기회가 흥미로운 프로젝트를 탄생케 했던 원동력이 되었다. 건축주의 입장에서는 건축 전반에 걸쳐 투자라는 인식이 급성장했고 투자의 가치와 함께 건축에 자본이 몰리는 상당히 긍정적인 상황이 전개되고 있는 것이다. MVRDV가 지적하는 것처럼, 건축주들은 젊은 건축가들에게 기회를 주고 어떤 작품을 만들어내는지 인내심을 갖고 지켜보는 것이 네덜란드 건축사회의 풍조인 듯 하다. 이러한 경향이 젊은 건축가들의 건축적 실험에 영양분을 주고 있다고 보인다. 실험과 논쟁, 혁신과 새로운 개념을 위한 공간의 제공, 이러한 것들이 현대 건축을 리드하는 네덜란드의 힘으로 작용하고 있다.

MVRDV의 도시에 대한 관점과 연구

현대 네덜란드 도시문제의 인식

MVRDV를 포함한 대부분의 네덜란드 건축가들은 자신들 도시는 물론 전 세계의 도시에서 나타나는 "고밀도(high density)"와 "비공공성(non-publicity)"을 극복해야 할 도시의 문제로 인식하고 있는 듯하다. 그들의 주장대로 도시내의 건물들이 타 건물들과 근접 배치됨으로써 도시의 공공공간은 점점 더 줄어들고 급기야 개인과 공공이 공간적으로 혼합되면서 공공공간이 내부로 밀려들어오게 되고, 그 때문에 공공공간의 고유의 기능이 상실되고 있다는 도시의 문제를 인식하고 있는 것이다. 더욱이 이들은 도시와 관련하여 다음과 같은

1 Villa VPRO/북측 입면
2 Villa VPRO/서측 입면
3 Villa VPRO/내부 옥외 공간 계단
4 Villa VPRO/지붕 테라스

급박한 상황에 대해 인식을 같이 하고 있다. 즉, 1989년 이후 공산세계가 해체되면서, 세계적 상황은 국가 간 무한 경쟁, 사회에 대한 기술의 영향력, 특히 IT산업을 중심으로 한 인터넷의 보급과 정보의 무차별적 전달 등과 같은 가동성과 미디어에 의해 좌우되는 사회가 연출되었고 그 결과, 국가 간의 경계가 희박해지고, 수많은 장소의 혼잡이 가중되며, 사회가 엄청나게 많은 하부 문화와 개인으로 파편화 되는 "혼잡(confusion)"의 결과를 낳았다는 사실이 그것이다. 이렇게 등장한 새로운 도시와 사회는 기이하게도 상부로부터 하부로 형성되는 과정이 아니라 하부로부터 상부로 형성되는 과정을 형상화한다. 엄청나게 많은 하부구조와 개인의 파편화로 나타난 혼잡성은 "세계의 동일한 건조환경"이 아니라, 완전히 그 반대인 차이성과 지역성, 특수성을 특징으로 한, 세계화의 다양성과 이질성의 증가를 가져오고 있다.

MVRDV 역시, 자신의 디자인 작업에서, 도시와 건축의 동일화 대신 어떤 한 지역이 자신만의 독특한 특성을 갖는다는 사실에 근거하여, 차이성과 지역성을 나타내는 감추어진 논리를 구별하여 보여주고자 하고 있다. 사실 이러한 일련의 건축사고과정 또는 디자인 작업과정은 현대 네덜란드 건축의 선도적 건축가들(Rem Koolhaas, Jo Coenen, West 8, Mecanoo 등)에서 나타나는 공통적인 측면이기도 하다. 특히, 일련의 혼란스런 플라즈마처럼 뒤섞인 현대도시사회의 공간적 비정체성의 문제를 인식하고 차이성과 지역성의 해결책을 모색하기 위한 것이 MVRDV의 건축적 사고과정의 요체이다. 전 세계의 도시에서 나타나는 이러한 플라즈마적인 현상을 이해하기 위한 도구의 개발. 그것이 바로 MVRDV에게 있어서는 사회통계, 심리학, 유기적 분석 등과 같은 연구과정(study process)이다. 특히, 그들은 이러한 연구과정을 통해 나타난 "데이터스케이프(datascape)"라는 개념을 사용하여 기존의 혼잡 개념을 다루고 있으며, 현대건축의 일종의 카오스 이론을 발전시키는 도구로 사용하고 있다.

3

4

빌라 VPRO

데이터스케이프(datascape)와 건축

MVRDV에게 있어 연구과정이란 건축자체의 속성에 관한 역사적, 형태적, 의미론적인 미학(美學) 중심적 과정이 아니라, 그 반대로 실제 작업 상황에 근거를 둔, 주로 역사와 무관한 "통계학적 연구"이다. 이 연구는 모호한 이론적 정당성을 강조하는 것이 아닌 경제, 건설 및 지역의 법규, 소비 행태, 협력 기구, 작업 습관, 시간과 공간적 운영 등과 같은 현대 건축의 상당히 기본적인 사실에 대한 상세한 점검이다. 이들은 돈과 신체의 개념들이 매우 복잡한 패턴으로 순환하는 새로운 유럽의 현실에 초점을 맞추어 광범위한 연구를 수행하고, 상당한 분량의 데이터를 조합한 다음, 문제의 해결을 위해 합리적, 객관적으로 해결안을 제시하고 있다. 비평가 Stan Allan은 MVRDV의 연구에서 나타나는 이러한 특징을 평가하면서, 이를 "기존 제약의 재편"으로 표현하고 있다. 다시 말해, 건축가 고유의 창조적인 디자인 과정에서 늘 나타나는 형태적 창안, 놀라움, 실험 등과 같은 미학적 측면이 등장하는 것이 아니라, 건축물에 영향을 주는 눈에 보이지 않는 주변의 제약(사회적, 경제적, 정치적, 기술적 등)과 같은 것을 시각적으로 재구성(재편)하고 있다는 것이다. 이러한 제약이 가시화되는 것을 "데이터스케이프(datascape)"라 한다. 이에 대해 MVRDV는 다음과 같이 언급하고 있다.

5

> *세금의 차이 때문에 벨기에와 네덜란드간의 국경에는 그것을 따라 선형으로 이루어진 도시, 즉 상당한 규모의 빌라 군(群)이 형성되어 있다. 주택시장의 요구에 따라, 네덜란드에서는 작은 정원이 붙어있는 "호화로운(slick)" 빌라가 나타나고 있다. 반면, 홍콩에서는 정치적인 제약으로 인해 국경 주변의 주거군(群)이 "대규모화(piles)"되었다. ....암스테르담에서는 기념비적인 법규 때문에 가로변의 중세 건축물 뒤로, 거리에서는 잘 보이지 않는 곳에, "엄청난 프로그램"을 요구하는 근대적 프로그램이 제한을 받았다. ....파리의 라데팡스에서는, 고층에 적용되는 법규 때문에, 엄청난 건축물들이 마치 지구라트처럼 18m 마다 "계단"을 형성하고 있으며, 그럼으로써 모든 오피스가 소방차 사다리가 도달할 수 있는 최대의 거리 안에 들어올 수 있었다. (이상과 같은) 심리학적 문제들, 재난방지용 패턴, 조명 법규, 음향 처리 등으로 인해 나타난 모든 현상들은 그 뒤에 존재하는 데이터의 "스케이프(scape)"로서 볼 수 있다.*

위에서 언급한 바와 같이, "데이터스케이프"는 건축가의 작품에 영향을 미치거나 이를 조정 또는 규정 할 수

6

있는 모든 조건들(또는 세력)에 대한 시각적 표현이다. 그러한 조건은 계획 및 건설법규, 기술적 제약, 태양이나 바람과 같은 자연환경일 수도 있으며, 최소 설계작업 조건과 같은 법규 또는 건축에 관련된 이익 집단의 정치적 압력일 수도 있다. 각각의 데이터스케이프는 이러한 요인 중 하나 또는 그 이상을 다루면서, 효과의 극대화를 보여줌으로써 그들의 영항력을 나타낸다. 이러한 데이터스케이프의 매력은 그것들이 실제 건축 프로젝트와 유사한 디자인을 창출한다는 점이다. 즉, 데이터스케이프는 제약을 근거로 만들어지고, 건축은 데이터스케이프를 근거로 형성되는데, 묘한 것은 건축 속에 제약이 드러난다는 것, 즉 예술적 직관과 연결되는 부분이 드러난다는 것이다. 이와 같이, MVRDV는 새로운 방법으로 문제를 표현함으로써, 예상하지 못했던 해결책을 발견하고 있다. 이들에게 있어, 형태는 정보(data)와의 관계 속에서 설명되는데, 주변의 제약조건, 즉 정보에 의해 연구가 이루어지고 그 연구결과를 형태로 코드화하고 있는 것이다. 따라서 그들에게 있어 형태는 상대적이며 비결정적이고 결코 미학적이지 않다. 마치 조립장치와 같이, 사물과 정보가 결합되어 나타나는 건축인 것이다.

랜드스케이프(landscape)와 건축

앞서 언급한 바와 같이, 도시 문제에 대한 인식은 MVRDV는 물론 네덜란드 현대건축가들의 가

7

8

빌라 VPRO

장 근본적인 출발점이다. 즉, 엄청난 도시인구집중, 높은 밀도, 그로 인해 나타나는 도시와 주변 랜드스케이프와의 경계의 소멸등이 그것이다. 이로 인해 나타나는 네덜란드의 도시의 팽창이 랜드스케이프를 잠식하는 결과를 초래하는 현상에 대해 건축가들은 적극적이고 민감한 반응을 보이고 있는 것이다.

MVRDV에게 있어 "도시 랜드스케이프"란 개념은 건물이 단지 그 대지를 차지하는 것만이 아닌 건축가의 행위가 그 대지를 "구축(construction)"하는 것을 말한다. 일종의 "랜드스케이프 구축(landscape construction)"인 것이다. 랜드스케이프 구축이란 대지와 그곳에서 일어날 건축 및 이벤트를 위한 그라운드(ground)를 건조하는 작업을 말한다. 랜드스케이프 구축은 총체성의 개념으로 디자인되는 것이 아니라 시간이 흐름에 따라 성장과 변화가 수반되는 매우 독특한 디자인 과정을 이룬다. 즉, 그것은 성장과 변화를 수용하는 열린 건축이 가능케 되는 근거이기도 하다. 따라서 MVRDV의 작품에서 랜드스케이프는 이미지가 아닌 과정으로서 존재한다. 여기에는 "시간"이라는 개념이 매개되며 추상적인 개념 또는 형상보다는 변화하는 질료의 개념과 총체적인 것이 아닌 부분적이고 디테일적인 사고가 중심을 이루며 눈에 보이지 않는 생태학적 요소(예를 들면, 바람, 냄새, 소리, 분위기와 같은)가 중요성을 갖는다.

그런데 이러한 개념은 사실 네덜란드의 특수한 도시적 상황에서 근거한 것이다. 네덜란드에 있어 "랜드스케이프"라는 개념은 현대 네덜란드의 새로운 패러다임으로서의 랜드스케이프 건축의 역사적 의의를 연구한 결과이다. 이 개념의 기본전제는 앞서 언급한 바와같이, 자국의 도시적 차원에서 출발하고 있다. 즉, 도시 확산

으로 인해 경계가 불명료화 된 컨트리사이드에 어떻게 하면 도시적 차원을 적용할 것인가 하는 것, 구체적으로는 컨트리사이드에서의 구획의 문제, 즉 네덜란드 모더니즘 도시계획의 원리를 적용하고자 하는 것이다. 이의 구체적인 방법 및 수단으로는 "집합적 정합(collective coordination)"과 "자연의 그리드(natural grid)"라는 개념을 사용하는데, 이는 결국 "반복(repetetion)"의 문제로 귀결된다. 파울 클레(Paul Klee)의 작품에서 나타나는 네덜란드 농지의 추상화된 그리드. 집합적 특성과 그리드가 특징인 이 그림은 반복성을 주제로 삼고 있다. 근대 이후 네덜란드 건축가 및 예술가들은 이런 랜드스케이프 상태에서 독특성 및 창조성을 발견하려고 하고 있다. 이로써 현재 OMA, Rem Koolhaas 그리고 MVRDV 등이 특히 자각적인 반응을 나타내고 있다.

이들이 제시하는 새로운 건축의 유형(typology)은 "랜드스케이프"와 "고밀도성 (densification)"의 연구를 통해 나타나며 구체적인 사항으로는 치밀성(compactness), 다층위(multi-layer), 폴딩(folding), 건축효과(effect), 재료(materials)로써 표현된다. 여기서 치밀성(compactness)이란 밀도성을 추구하여 나타나는 특성으로 특히 건축물 내부에서 도시적 차원의 밀도를 표현하는 것이다. 다층위(multi-layer)는 멀티 그라운드(multi-ground)의 개념이 적용된 것으로 자연의 지형이 갖는 복잡성을 표현한 것이다. 폴딩(folding)은 특히 자연의 바닥판의 변화로 인해 나타나는 개념으로, 다층위 같은 개념과 함께 표현된 것으로 볼 수 있다. 이로 인한 건축효과(effect)는 시각의 다양한 변화, 외형의 역동성, 자유로운 내부공간 등으로 나타난다. 재료(materials)는 이러한 특성을 건축적으로 표현하는 구체적인 수단으로 주로 시간의 변화와 같은 유동적인 무엇인가를 나타내기 위해 사용된다.

그런데 여기서 중요한 것은, 이를 통해 통합적 지역성(Synthetic Regionalization)을 추구할 수 있는 근거를 마련하고 있다는 점이다. 이는 앞서도 언급한 바와 같이, MVRDV가 자신의 작품에서 "세계의 동일한 건조환경"이 아니라, 완전히 그 반대인 차이성과 특수성을 특징으로 한, 지역의 다양성과 이질성을 추구하고 있다는 사실과 일맥상통하는 증거이다. 따라서 MVRDV의 작품에 있어 랜드스케이프의 개념은 단순한 형태나 은유가 아닌 대지의 부족을 극복하고, 실내와 실외의 연속성을 의미하며, 과정을 위한 하나의 모형으로서, 건축에 대해 지역의 특성을 표현 할 수 있는 수단으로 사용되고 있다고 볼 수 있다.

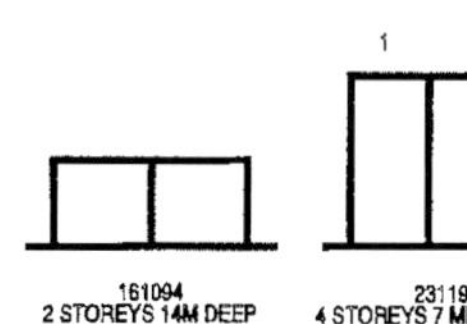

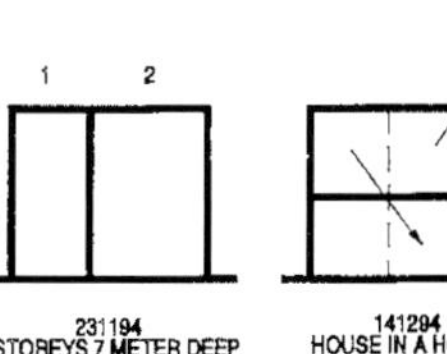

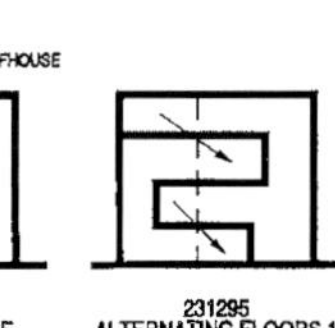

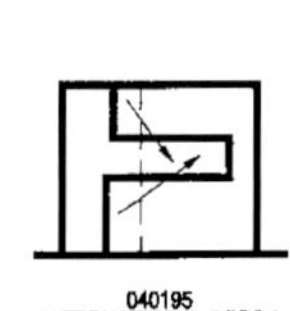

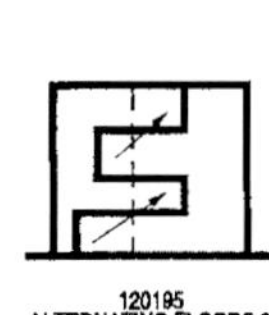

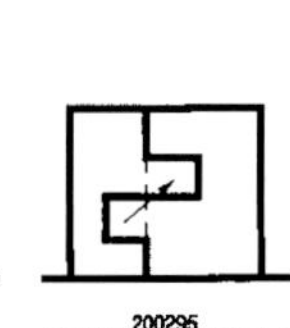

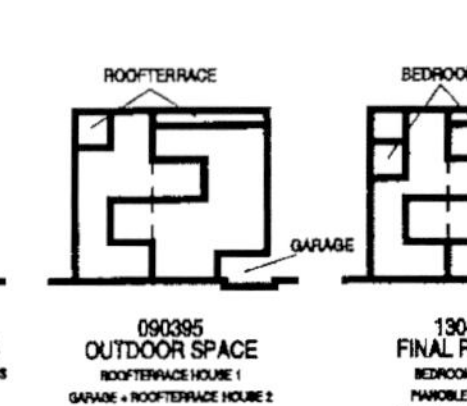

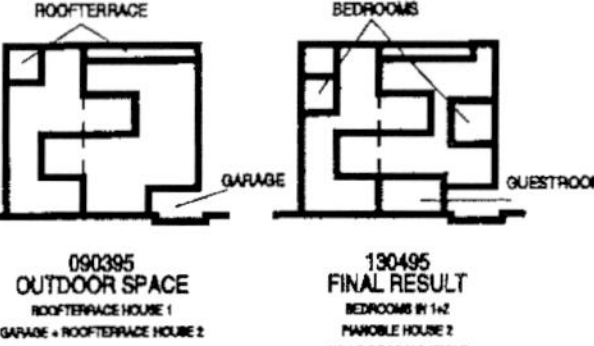

Villa VPRO

Sumatralaan 45(Media Park), Hilversum, The Netherlands, MVRDV

작품설명

| 디자인 컨셉 |

데이터스케이프로서의 디자인

오피스로서의 이 건축물은 업무를 위한 사무실이라는 상식적인 인상과는 싱당히 동떨어진 이미지를 던져준다. 전면도로를 면하여 마치 칼로 내부 매스를 잘라 떼어버린 듯한 정면은 WoZoCo 아파트만큼이나 혁신적이고 과격하며 네덜란드 아방가르드의 현대적 위치를 보여주는 매우 대표적인 사례이다. MVRDV는 네덜란드의 신예 건축가 그룹으로 비교적 젊은 나이에 자신들 조국으로부터 많은 수의 건축물을 의뢰 받는 행운을 누리고 있다. 이들은 실험적이면서도 과감한 건축적 제안을 내놓기로 유명한데, 그 제안이 받아들여지고 디자인이 통용되는 것은 이들의 건축적 사고가 분명 현대 건축사(建築史)의 한 맥락 내에 위치하고 있기 때문이라 할 수 있다. 이들의 작업은 네덜란드 기능주의의 건축적 전통에 한쪽 발을 두는 한편, 다른 측면에서는 건축과 디자인에 있어서의 현대적 공동전선, 즉 카오스이론(Chaos Theory), 반미학(anti-aesthetics), 탈기능주의(post-functionalism)와 같은 광의의 철학적 포스트모더니즘의 논리에 다른 한 발을 두고 있다. 이들은 현대 네덜란드의 도시의 문제를 예민하게 받아들이고 있으며, 자신들 건축적 사고의 감수성을 통해 객관적이면서도 기계적인, 그러나 결코 형식주의이거나 실용적 기능주의가 아닌 새로운 해결책을 만들어 내고 있다. 이들의 해결책은 새로운 형태의 고안 또는 창조의 과정이 아니라, 오히려 일반상식을 초월하며, 현존하는 제약들을 재현함으로, 그것이 의미하는(기호화하는) 정보에 관련된 형태를 표명하고 있다. 이 작업이 앞서 언급한 "데이터스케이프(datascapes)"인데, 건축물에 영향을 주는 현대 사회의 보이지 않는 힘을 보이게 만드는 수단,

즉 외부로부터 부과된 제약(사회적, 경제적, 정치적 정보)을 코드화하는 방법이다. 이들이 설명하는 바와 같이, 빌라 VPRO의 초기 프로그램상의 제약은 과거 흩어져 있던 13개의 빌라 오피스에서 형성된 회사의 이미지를 하나의 건축물에 표현할 수 있겠는가 하는 형태적 문제(또는 은유적 문제)와 형식성에 관한 부분, 건축물의 규모에 관한 제약, 그리고 공간의 쓰임과 같은 기능에 대한 제약이 혼합되어 나타나고 있었다.

우선, 13개의 빌라를 하나의 빌라로 규모를 키워 스케일의 변화를 가져왔을 때 가장 큰 문제는 이미지의 연속성이었다. 어떻게 이미지를 유지시킬 것인가. 그 해결책으로 이들은 많은 수의 실과 복도 그리고 계단과 같은 요소를 밖으로 드러내 보여주는 방법을 택하였다. 13개의 이전 사무실에서 나타난 공간의 다양성을 하나의 집약적인 입면에서 표현하는 방법. 내부에 밀도 높게 실을 배치하고 이를 칼로 자르듯 떼어내어 밖으로 보여주는 방식. 이 건물의 입면은 바로 그러한 이미지의 연속성에 대한 제약을 코드화하고 있다. 정면의 모습은 35가지의 서로 다른 다양한 크기와 색상의 유리를 사용하여 표현되었는데 공간의 다양성을 보여주기 위한 의도라고 볼 수 있다. 측면에서 보이는 접혀있는 슬라브의 역동적인 모습은 칼로 내부를 자른 후 그 단면의 모습을 형상적으로 보여주고 있는데 마치 단면을 디자인 한 것처럼 보일 정도이다. 이를 통해 내부의 다양한 모습이 그대로 밖으로 드러나며 이전 빌라의 형식성의 문제를 은유적으로 해결하려는 노력을 볼 수 있다. 공간의 쓰임 역시, 이전 빌라들의 다양한 모습을 형상화했는데, 끊임없이 상호 연결되는 내부는 이전 빌라들의 스케일의 크기를 유지하면서 전체를 하나

로 묶는 해법을 제시하고 있는 것이다. 여기서 스케일의 제약과 이미지의 제약 그리고 공간의 기능과 같은 제약이 코드화 및 형상화되고 있음을 볼 수 있는 것이다. 입면 및 내부의 이러한 처리는 이 건물에 작용하는 한계를 적극적으로 극복하려 한 노력의 일환이며, 그 결과 나타난 형태의 효과는 심미적이기보다는 기술적(技術的)이며, 건축가의 미의식의 표현이라기보다는 건축가의 자동기술(自動記述)적인, 제약이라고 하는 조건으로서의 정보를 코드화하여 전달하고 있는 듯하다.

랜드스케이프로서의 디자인

Villa VPRO에서 나타나는 랜드스케이프로서의 건축의 특성은 매우 분명하다. 이 특성은 도시적 차원의 고밀도성을 표현하기 위한 수단의 일환으로 이루어진 것으로, 나타나는 구체적인 효과로는 치밀성(compactness), 다층위, 멀티그라운드, 폴딩, 역동성, 재료의 시간적 효과이다. 이를 통해 차이성과 특수성을 동반한 건축의 다양성과 이질성의 표현이 나타나고 있다. 치밀성은 이 작품에서 가장 중요한 개념 중 하나이다.

흩어져 있던 13개의 빌라들에서 하나의 건물로 옮겨오는 과정은 공간적 고밀도성의 표현으로 나타나고 있다. 도시에서 나타나는 밀도의 건축적 표현. 이는 프로그램상의 기능적 요구와 면적을 해결하는 방법이기도 하지만 그에 앞서 인식된 지역의 도시적 밀도의 문제를 시각적으로 표현한 것에 더 무게를 둘 수 있다. 밀도를 표현하고자 할 때, 기존의 방식인 층 당 면적 배분은 한정된 높이와 볼륨 안에서는 전혀 효과를 발휘할 수 없었다. 그래서 등장한 것이 다층위(multi-layer)와 멀티 그라운드의 개념이며, 층 당 높이의 한계 내에서 주어진 프로그램을 수용하기 위한 단면 디자인이 이루어진 것이다. 북측 입면에서 나타나는 연속된 층의 개념은 기존의 한 층, 한 층의 층 당 개념에서 볼 때 매우 혁

산적인 것으로 폴딩의 이미지를 보이며 콘크리트의 가소성을 이용하여 역동성을 나타내는 효과를 보이고 있다. 이러한 전체 건축의 효과는 하나씩 분리되어 적용된 개념의 표현이라기 보다는 도시적 차원에서 다루어진 고밀도성의 연속된 결과로서 이해할 수 있다.

더욱이 내부는, 다층위의 결과, 외부 자연이 랜드스케이프적인 의미에서 내부에 형성되는 특징을 보여준다. 내부에 자연을 끌어들이는 방법에 있어 MVRDV는 소위 보이드 디자인(void design)을 병행하였다. 이들이 언급하고 있는 바와 같이, 보이드에는 많은 의미가 가변적으로 사용되고 있는데, 공공성 또는 개인성과 같은 극단적인 용도로 바꾸어 사용될 수 있을 정도로 가변적으로 의미를 갖는 것이 보이드이다. 이 건물에서 사용된 보이드 디자인은 개인적이면서 공공적인 보이드, 즉 오피스 내부의 개개의 사무원들이 자신만의 공간을 영위하면서도 동시에 외부의 자연을 느낄 수 있도록 하는 공공성의 표현이 보이드의 디자인에서 의도된 것이다. 보이드의 디자인은 평면과 단면에서 모두 나타나고 있으며, 연속된 내·외부 공간의 처리와 함께 외부 도시의 랜드스케이프라는 특성을 내부로 끌어들이는 효과를 보여주고 있다. 스케치에서 볼 수 있는 바와 같이, 보이드는 오피스 내부의 랜드스케이프와 외부의 자연 랜드스케이프를 시각적으로 연결하는 매우 중요한 디자인 요소가 되며 이는 공공성 또는 개인성과 같은 특질을 건물에 부여하는 중요한 의미를 갖는다. 따라서, Villa VPRO의 외부에서 볼 수 있는 입면은 독자적인 입면 디자인의 결과라기 보다는 건물에 부과된 여러 제한들과 도시적 문제에 대한 건축가의 독특한 사고과정의 일부로서 나타난 결과로 보아야 하며, 미결정적이고 비심미적이며 건축가의 자동기술적(自動技術的)인, 현대적 의미의 네덜란드 아방가르드 건축의 대표적인 일면으로 보아야 할 것이다.

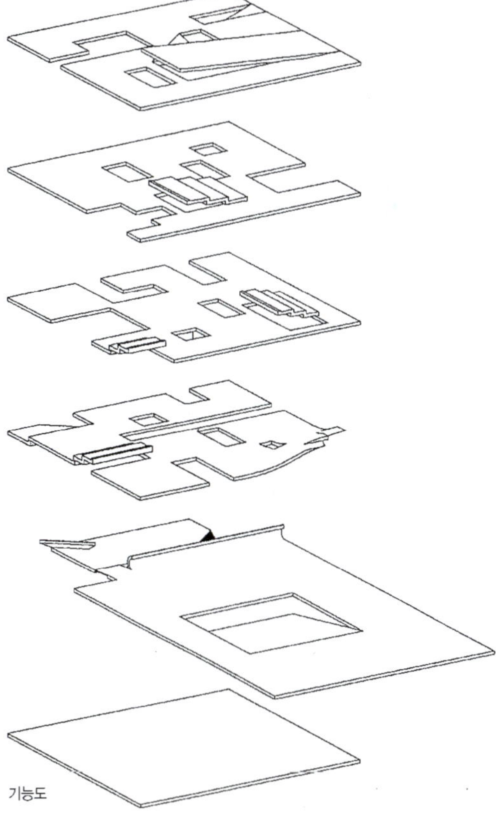

기능도

전체 배치도

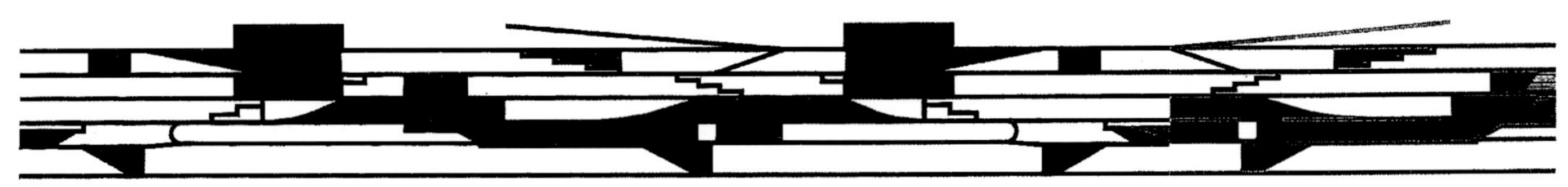

단면 개념도

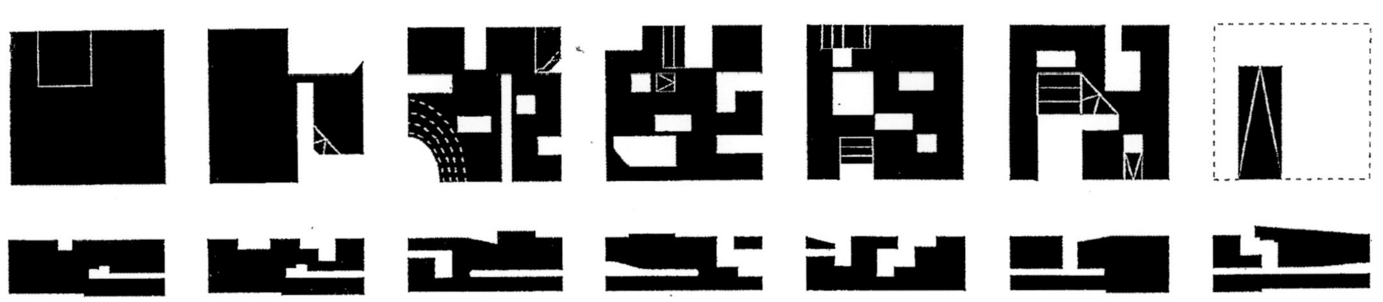

수평 및 수직 매스다이아그램

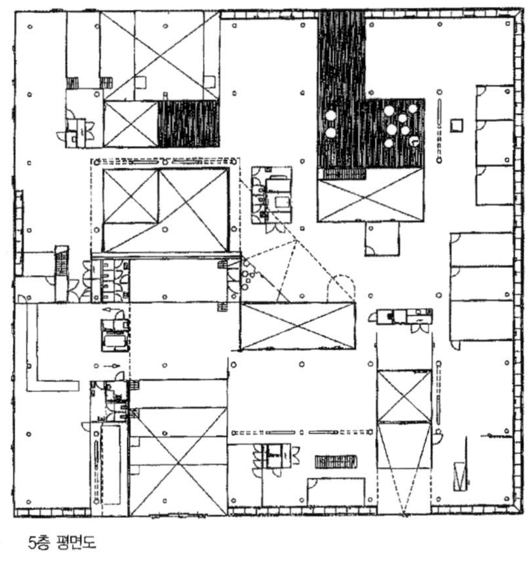

5층 평면도

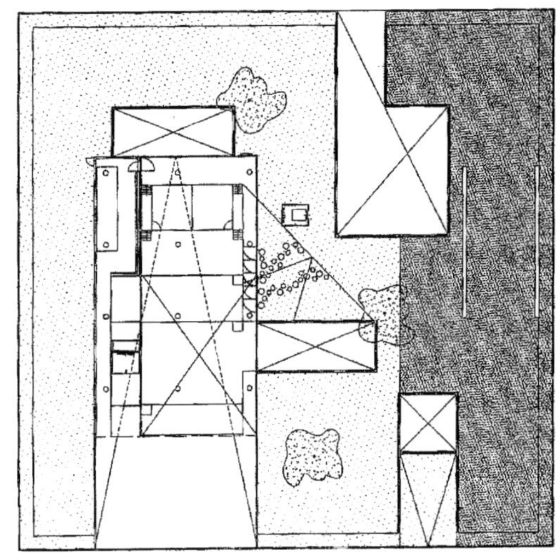

지붕층 평면도

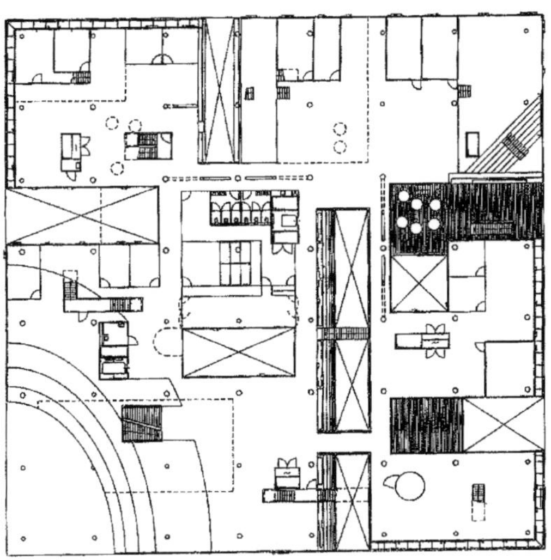

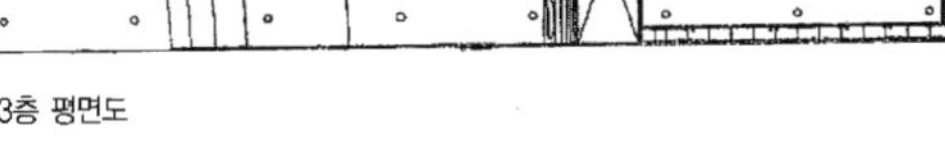

3층 평면도

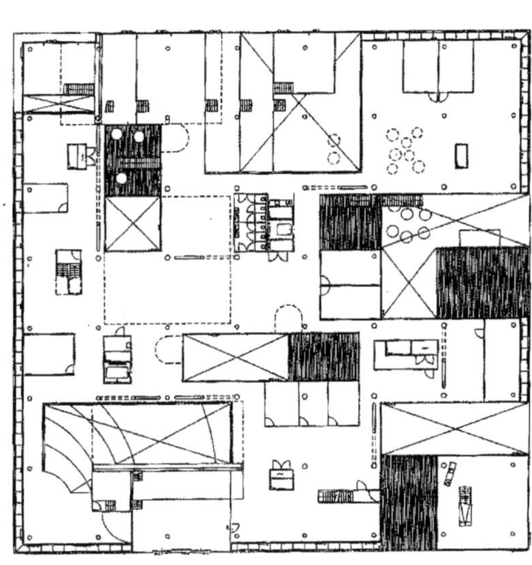

4층 평면도

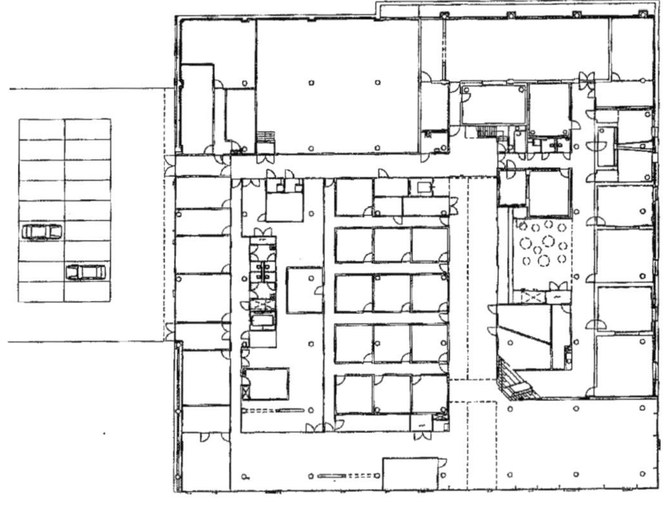

지하층 평면도

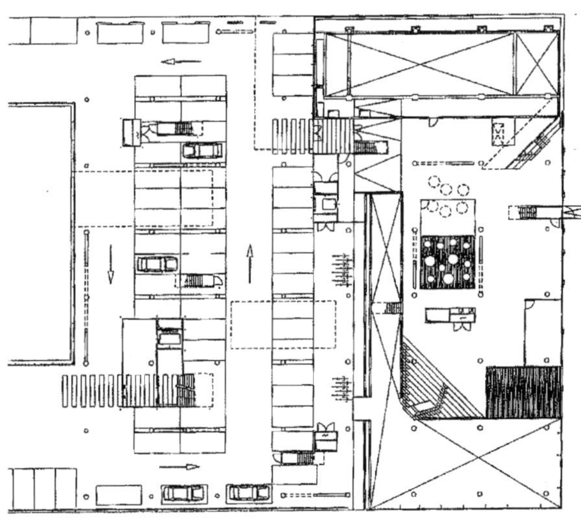

1층 평면도

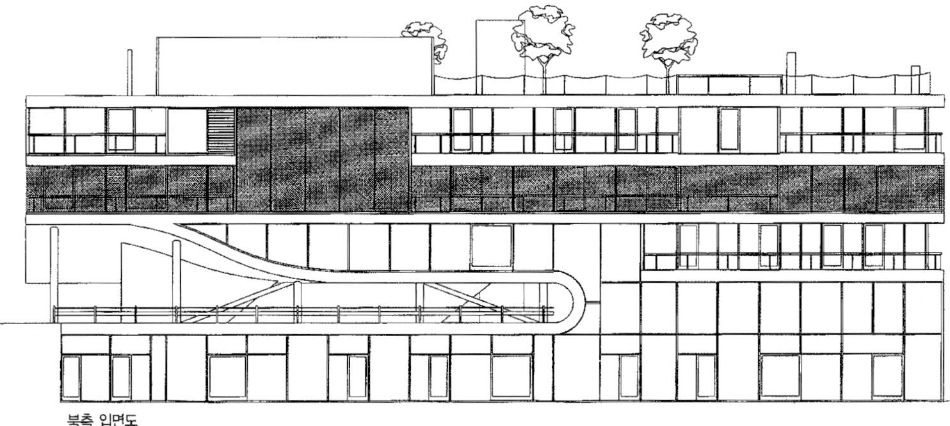

북측 입면도

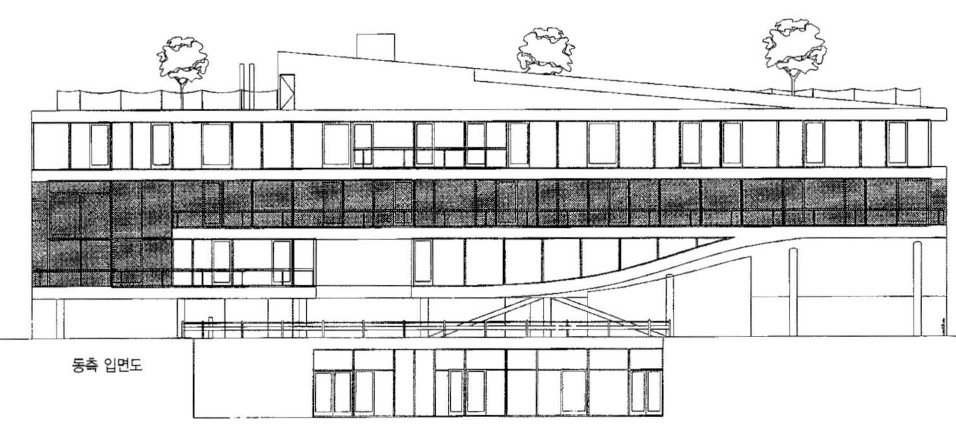

동측 입면도

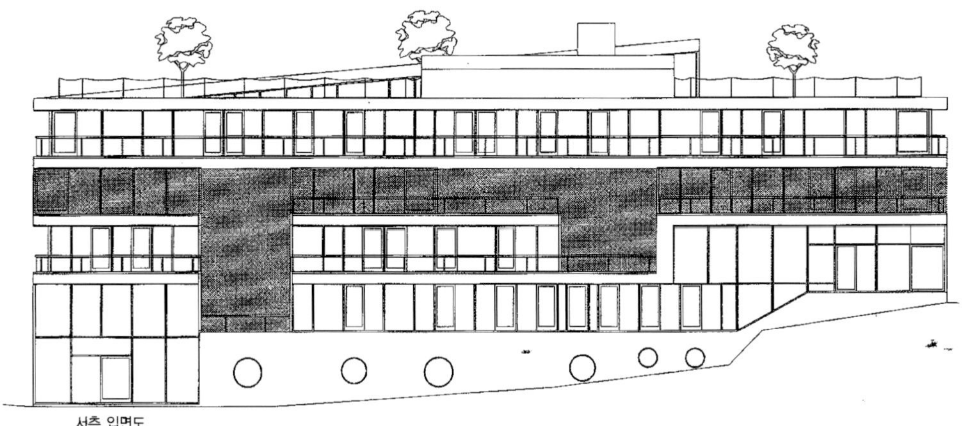

서측 입면도

베네룩스 메르켄브로

Benelux Merkenburo

이 건물도 Provinzial 보험 회사와 같이 유리를 소재로 작품 활동을 많이 펼치는 독일 HPP의 작품 중 하나이다. 전면에 보이는 전면 유리벽은 건물의 비물질성의 표현이자 대로변에 면해있는 건물 특성 상 사무실로 들어오는 자동차 소음을 막는 역할을 수행하고 있다. 건물 입면의 대부분을 유리로 마감하고 있는데, 여기서 느껴지는 차가움을 보완하기위해 내부에는 곳곳에 중정을 두어 자연환경과 최대한 많이 면하도록 디자인되었다. 이 건물에서 보이는 가운데 원형 타워는 이 출판사의 랜드 마크로서 디자인되었고, 평면에서도 건물 공간의 중심 역할을 하고 있다. 그러나 상대적으로 건물의 내부 공간은 외부의 하이테크적인 이미지와 달리 철재와 노출콘크리트, 그리고 목재 등의 재질을 사용하여 따뜻하면서 절제된 이미지를 제공하고 있다. 듀 몬트 출판사는 쾰른 시가에 산재하는 편집, 출판부를 통합해서, 인쇄 부문과 함께 시설에 들어갈 수 있는 것을 목적으로 계획되었다. 그러므로 주 용도는 사무실 공간으로 계획되었고, 오피스 층은 팀 룸, 오픈 오피스, 그리고 일반적인 개별 오피스의 세 가지 타입의 공간으로 구성되어 각각의 실들은 아트리움에 접하고 있다.

Herman Herzberger의 건축사고과정
: 형태와 프로그램의 상호작용 – Herman Herzberger

Herman Herzberger

도시가 가지고 있는 가장 중요한 특징은, 아마도 도시 환경에 있어 우리가 일상적인 상황으로서 경험하고 있는 연속적인 변태(變態)일 것이다. 도시는 끊임없는 변질의 주체이며, 또한 도시는 지금까지 인간이 항상 형태를 부여하려고 해온 유기적 성장이나 기능적 변혁의 법칙을 받아들이려고는 결코 하지 않았다. 매일, 매 계절, 그리고 장기적 또는 일시적으로 지속되거나 돌발적이었거나 규칙적으로 충분히 다양하게 변질되고 있다. 사람들은 지금의 집으로부터 다른 집에 이사가고, 그리서 또 건물은 갱신된다. 그 결과, 차례로 강하고 다른 치환을 일으켜 가는 관계의 그물 망에 있어서의 초점의 위치에 변환이 생기는 것이다. 이러한 현실적인 개개의 조정이, 다른 건물 형태의 중요성을 강하게 또는 약하게 의식하면서 변질에 따라 이루어진다. 모든 시민이나 도시의 요소가 언제라도 아이덴티티를 유지할 수 있도록, 그 상황에 있어서는 어떤 때라도 그 상황에 따라 완성하는 것이 필요하다. 변질의 프로세스는 항상 우리 앞에 영구히 계속되는 상황과 같이 보여야만 한다. 왜냐하면 변질성이라는 것이, 개개의 형태의 중요성에 공헌하는 일정한 요인으로서 가장 먼저 위치하지 않으면 안 되기 때문이다. 이것에 거역하기 위해서는 형태에 일어나는 변질이 다중 해석이 용인되는 방식으로 만들어지지 않으면 안 된다. 즉, 그것들이 다중의 의미를 흡수해 동시에 환기할 수 있는 방법, 그래서 그 프로세스에 대해 아이덴티티를 잃지 않는 방법이어야만 하는 것이다.

운하(처음에는 쓰레기를 버리는 것에 도움이 되었던), 성밖의 해자 그리고 수로는 좋은 교통 네트워크였지만 지금은 그 초기의 의미를 잃어버렸다. 하지만, 이것들은 시대의 흐름을 잘 받아들여 도시의 경계표지로서 인정되고 있다. 즉, 그 형태는 그 자체 도시 안에서 받아들여져 존중되고 있다고 해도 좋을 것이다. 현재는 우리들에게 있어 특별한 의미마저도 인정받고 있다. 여름에는 마을의 관광 루트로서 사용되고 겨울에는 스케이트장이 되며, 지금은 나무들이 크고 높게 자라 중요한 그린벨트를 만들고 있다. 다중으로 해석하는 프로세스는 언젠가는 일어나는 것이다. 이와 동일하게 특정의 대상물은 완전히 같은 시기에 다른 해석이 되는 것이기도 하다. 예를 들어, 우리가 건설하는 집은 대량생산 방식에 의해 대량 주택의 하나로서 기본적으로는 동일하다. 또한, 그것들은 원형(原形) 위에 디자인된 것이다.

1

2

3

그러나, 이러한 원형은 사는 방법도 균질적으로 패턴화해 버리는 힘을 갖고 있다. 그것은 분명히 다이닝 테이블을 두는 위치까지 지시를 해 버릴 만큼, 살고있는 사람의 요구와 합치되어 있을지도 모르지만 말이다. 이 균질한 생활 패턴은, 최초로 공간에 대한 필요성으로서의 기능, 즉 인간의 행동에 필요하다고 생각되는 설비로부터 도출된 요구를 분석한 결과였다. 반복해 말하면, 기능이나 행동 그 자체는 공간에 특별한 요구는 하지 않는 것이다. 즉, 특정한 요구를 하는 것은 다른 개개인이며, 그들은 자신 특유의 방법으로 같은 기능을 완수하려고 하는 것이다. 따라서, 평균적 거주자들에게 들어맞는 원형(prototype)은 일종의 최대의 상식적 요인, 다른 말로 하면, 개개인의 생활 패턴의 최대공약수적 해석 이상의 것에는 결코 적용시킬 수 없다. 이러한 개인 생활 패턴의 최대공약수적 해석에 대신하여, 집약적 패턴이면서 개인적 해석을 할 수 있는 원형(prototype)을 창조할 필요가 있다. 즉, 개개인이 집약적 패턴을 독자적으로 해석할 수도 있는, 특별한 방법으로 더욱이 균질한 주택을 만들지 않으면 안 되는 것이다.

따라서 모든 동질의 주거는, 같은 시기에 생긴 것이어도 도시 안의 모든 장소가 달랐던 시기에는 가능했지만, 또한 이질적인 의미도 받아들여지지 않으면 안 된다. 이 유추가 분명히 가리키고 있듯이, 장소와 시간의 개념을 없애고, 주거를 변화시켜 나갈 가능성을 포함하고 있는 하나의 초점이 되는 중요한 것을 발견해야 하는 것이다. 여기서 명확한 것은, 적절한 해답을 제안할 수 있는 것이 융통성(flexibility)이라는 생각의 결과인 무기명성(neutrality)도 아니고, 과잉 표현의 결과인 특정성(specifyness)도 아니라는 것이다. 양쪽 모두 한 시기에만 만족되는 것이며, 또한 양쪽 모두 과잉인 것은 불확실하지만 그것은 집적의 결과이다. 정답의 가능성은, 모든 사람이 자신 특유의 방식으로 관계지을 수 있으므로, 개개인이 다양한 의미를 갖게 할 수 있는 방법에 따라 이루어질 수 있다고 생각한다. 다른 의미도 갖게 하기 위해서는, 각각의 형태를 있는 그대로 해석할 수 있고 또 다른 역할을 완수할 수 있어야만 하는 것이다. 만약 다른 의미가 형태의 엣센스 안에, 명백하게 침묵 가운데 포함되어 있다고 하면, 다른 역할 밖에 완수할 수 없다고 말할 수 있는 것과 같다.

암스테르담의 중앙 담 광장에 있는 전쟁 기념비는-이 경우는, "그 형태에도 불구하고" 또는 "그 작가의 의도에도 불구하고"-언제나 약속 장소로서 이용하고 있는 젊은 사람들로 넘치고 있다. 여름에는 여행자들이 관광

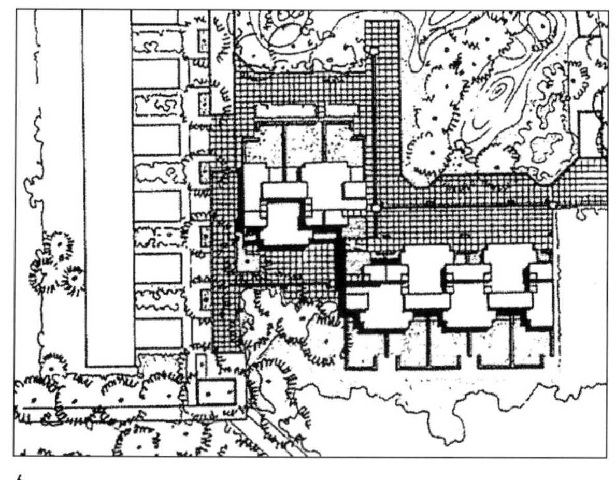

베네룩스 메르켄브로

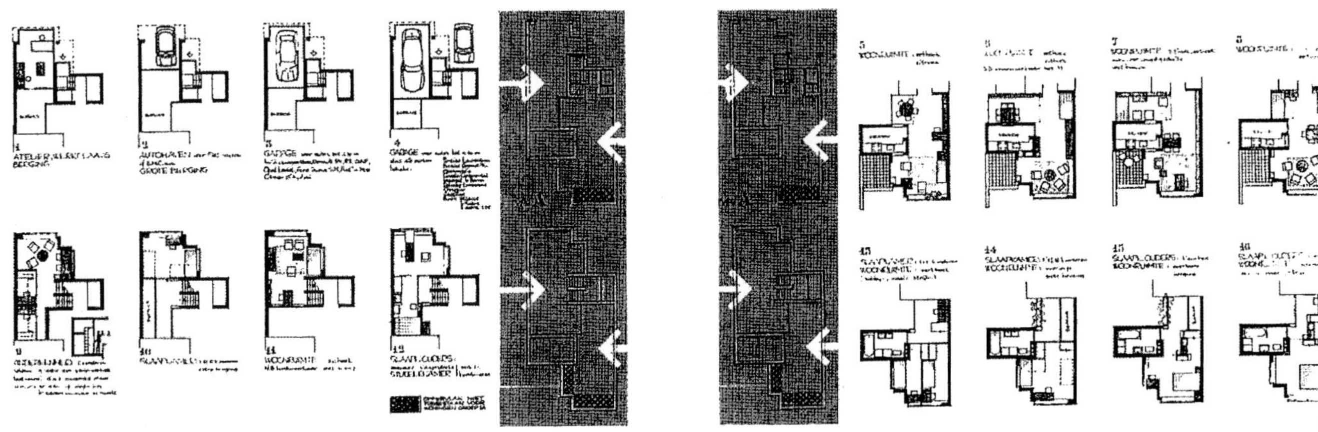

의 한 때를 즐길 수 있으며, 매년 하루는 전쟁 희생자들을 기념하는 모뉴먼트의 기능을 하고 있다. 또한 주변의 야외극장은, 생활 패턴의 차이에 따라 다른 의미가 주어지는 듯한 형태를 취하고 있다. 또한, 그것은 형태의 독자성을 없애지 않고, 각각의 생활 패턴이 여러 가지 의미를 부여할 수 있는 듯한 형태이기도 하다. 결과적으로, 그것들은 그 환경의 분위기 만들기, 특색 만들기의 역할을 이루고 있다. 또한 동시에, 그 주변 환경을 자신의 특징으로 채색하기도 한다.

만약 우리가 사회 스스로 표현하는 다양성에 대응하려고 한다면, 응고되어 있는 의미의 구속을 풀고, 형태를 자유롭게 해 주지 않으면 안 된다. 우리는 항상 다음과 같은 건축을 계속 요구하지 않으면 안 되는 것이다. 즉, 그것은 복수의 의미를 포함하고 있음으로써, 프로그램을 흡수할 뿐만 아니라 한층 더 활기차게 만드는 형태가 아니면 안 된다. 즉, 형태와 프로그램은 서로 각각을 환기하는 것이다.

전술한 것처럼, 구조의 개념은 개인적 상황에 의거하는 해석의 자유로움, 즉 융통성을 환기하는 것 같은, 잠재적 능력을 가진 "체제"로서 생각되고 있었다. 오늘까지 우리는, 다수의 사람들에게 동시에 해석되어 결과적으로 집합적 제휴를 만드는 듯한 도시의 형태를 주로 취급해 왔다.

구조 및 그 디자이너의 관계에 대해서 우리의 주된 관심은 실제로 종속적인 역할에 있는 사용자의 눈으로부터 보고, 또한 주관적이 아니라 않고 객관적으로 보아, 디자이너와 구조의 관계가 어떻게 설정되면 좋은지를 찾는 것이다. 한편 우리는, 형태는 구조와 동일하다라고 줄곧 다루어져 왔음을 증명할 수 있다. 그리고 그 구조만으로는, 사람들이 처음의 장소에서는 그 같이 행동하는 이유를 설명할 수 없다는 것도 증명할 수 있다. 다만, 일반적인 형태를 일종의 구조라고 보고 형태와 사용자와의 관계를 생각하기 쉽다. 예를 들어, 사용자가

12

개인인 경우에는, 형태를 생각할 때 추상화의 속박으로부터 피할 수 있는 것이다. 이것을 주의 깊게 바꾸어 말하면, 어느 사람(또 그것과 관련되기 시작하는 사람들)이 형태를 중요하다고 생각함으로써, 형태의 창조자 인 디자이너와 사용자와의 관계가 간접적으로 문제가 되는 것이다.

형태의 고유 특성의 하나로서 해석의 가능성에 대해 우선 생각하면, 왜 형태가 구조로서 해석될 수 있는가 하는 의문에 부딪친다. 그 말은 아마, 형태에 갖춰진 포용력(또는 "능력")에 의해, 여러 가지 연상이 가능하게 되어, 사용자의 상호부조까지도 생기게 된다는 말일 것이다. 즉, 우리의 관심은 악기가 연주자에게 있는 만큼 연주 방법의 자유를 부여하고 있듯이, "자유도가 있는 공간"이란 어떤 것일까 하고 말하는 것이다.

야외극장의 예를 살펴본 것처럼, 글자의 뜻에 입각해서 포용력을 생각해 보자. "competence"라고 이름붙여 진 많은 의미를 포용하는 능력은, 건축이 관여하고 있는 모든 형태에 또 다른 빛을 비추게 된다.

따라서, 우리는 지금, 대상과 관찰자와의 사이의 형식적이고 변하지 않는 관계를 전제로 해서 유지하고 있는 형태의 개념의 이야기를 하고 있는 것은 아니다. 우리는 대상물에 둘러싸인 시각적인 보는 방법에 임해서 생 각하고 있는 것이 아니라, 포용하는 능력이나 잠재적인 의미를 부여하는 담당자의 시점에서 형태에 대해 생 각하고 있는 것이다. 형태는 의미를 포용할 수 있지만, 형태에 붙어 있는 이용 방법이나, 형태에 의해 평가되 어 더해지는 가치에 따라서는 의미를 잃을 수도 있다. 또한 실제의 의미로부터 멀어지는 것도 가능하다. 이 것들은 모두 사용자와의 형태의 상호 관계의 존재방법에 의해 바뀌어 오는 것이다.

여기서 말하고 싶은 것은 영향을 주는 형태는 사용자에게서 기인하며, 반대로 사용자에 의한 효과는 형태에 기인한다고 정의할 수 있는 것은, 의미를 흡수하여 전달하는 이 능력에 기인한 것이다. 주제에 입각해서 말 하면, 형태와 사용자 사이에, 서로 뭔가 움직이고 또한 서로 적당하게 교제하는 것처럼 상호간의 움직임이 있다고 하는 것이다.

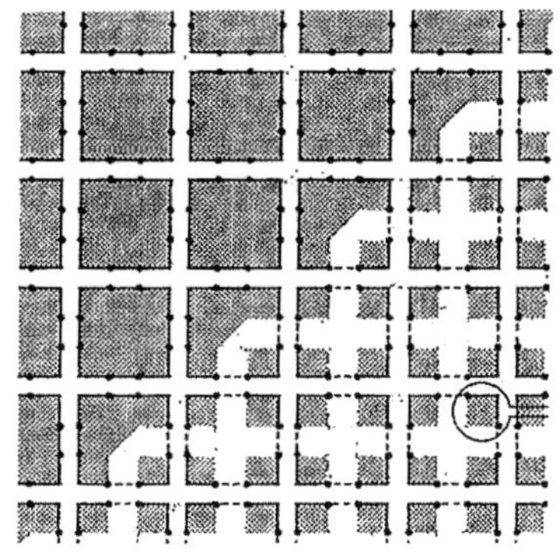

13

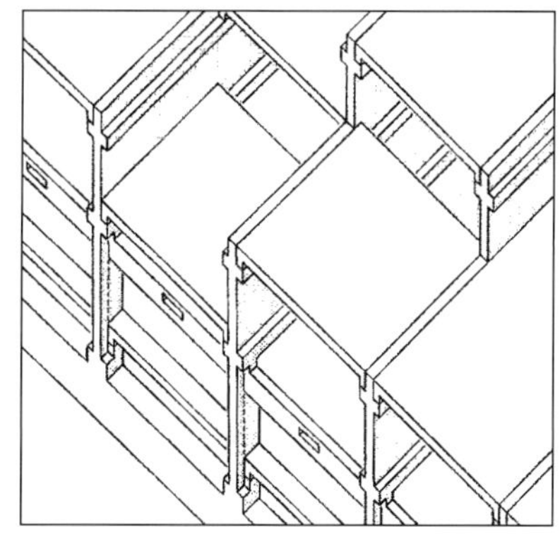

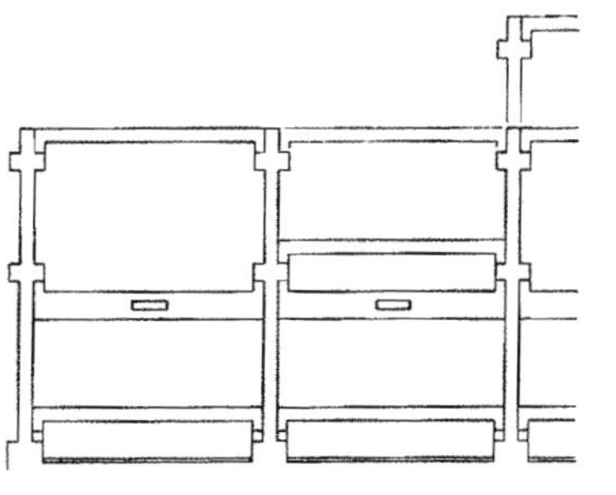

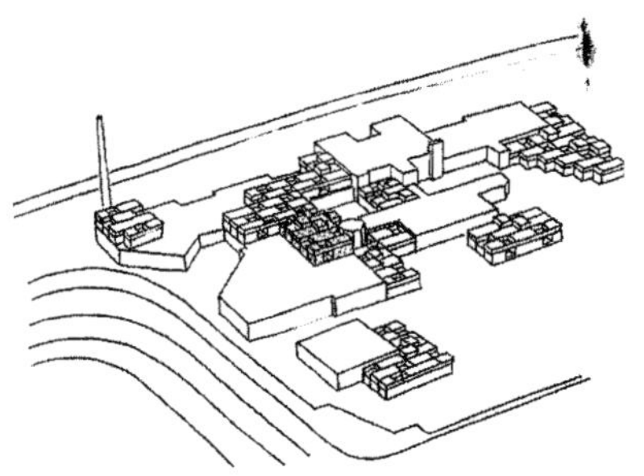

14

베네룩스 메르켄브로

"디자인한다고 하는 것은, 전체는 부분의 총체 이상이라는 생각으로 요소들을 조립해 나가는 행위여야 할 것이다. 깊이 생각된 형태에서 만들어져 있는 모든 것은, 보다 잘 기능적이어야만 한다. 즉, 다른 상황, 시대에 있는 각각의 사람들에 의해 기대되고 있는 것을, 보다 제대로 행하도록 짜여지지 않으면 안되는 것이다. 정확히 말과 문장의 관계와 같이, 형태라는 것은, 어떻게 "읽혀지고", 어떤 이미지가 "독자"에 의해 불러일으켜지는가 하는 것에 관계하고 있다. 하나의 형태는 다른 사람들이나 다른 상황에서는 다른 이미지를 불러일으킬 수 있으며, 그 만큼 다른 의미를 지니게 된다. 또한, 형태의, 우리들에게 사물을 보다 많은 상황에 잘 적응시켜 주는 듯한 또 하나의 지각 인식을 설명하는 열쇠는, 이러한 경험과 같은 현상이다. 근본적인 변질 없이 의미를 흡수하고, 다시 그것을 상실하는 능력은 형태를 "중요성의 잠재적인 만드는 손", 좀 더 짧게 말하면 "중요성을 부여하는 것"으로 삼는 것이 가능한 것이다."

"환경을 만들려고 준비할 경우에는, 다음과 같은 방법으로 요소를 조직하지 않으면 안된다. 즉, 그 요소를 단지 엄밀한 의미에서의 기능 요구에 의하기 위한 것으로서라 아니라 하나 이상의 목적이 달성되도록, 다시 말해 가능한 한 많은 다른 역할을, 여러 가지 개인적 사용자의 이익을 위해서 완수할 수 있도록 생각해야만 한다. 그렇다면, 개개의 사용자는 자기 자신의 방법으로 그 요소에 대응하는 것이 가능해진다. 또한, 개인적으로 그것을 해석할 수 있기 위해서는 자신이 익숙한 주변 환경과 일체화될 수 있어야 하며, 그럴 경우, 그 환경을 그 만큼 높일 수도 있게 되는 것이다."

따라서, 그 결과가 지나치게 과잉되어 목표를 알지 못하게 되지 않도록, 그리고 자유로운 해석이 가능하기 때문에, 이용되면서도 그 독자성을 계속 유지할 수 있도록 디자인을 진행시켜야 하는 것이다. 우리들이 만들어 내는 것이 지녀야만 하는 성질로서는, 뭔가 꺼내는 능력을 지닌 제안, 시간, 그리고 다시 말하지만, 특정한 상황에 있던 특정한 반응이라는 것이 있다. 따라서, 그것은 단순한 중도성 또는 융통성일 뿐이어서는 안되며, 그러므로 불특정한 것이지만, 우리가 다중 가치라고 부르는 넓은 효과를 낳는 것이기도 해야 한다.

15

16

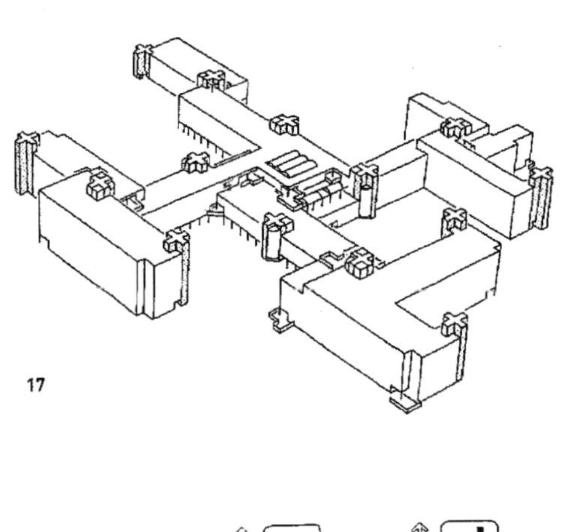

17

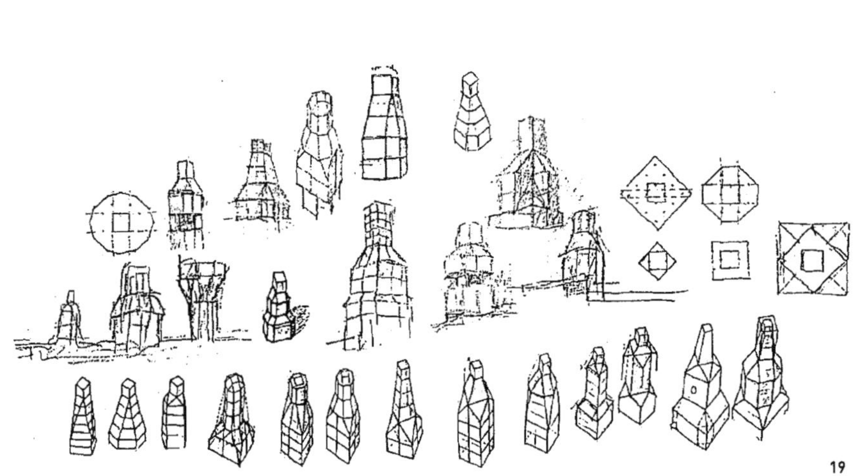

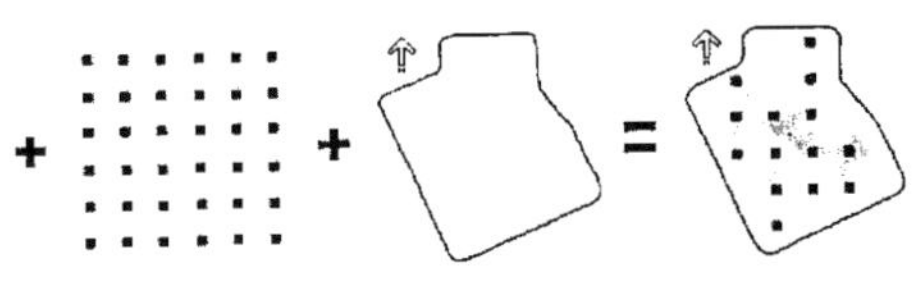

19   18

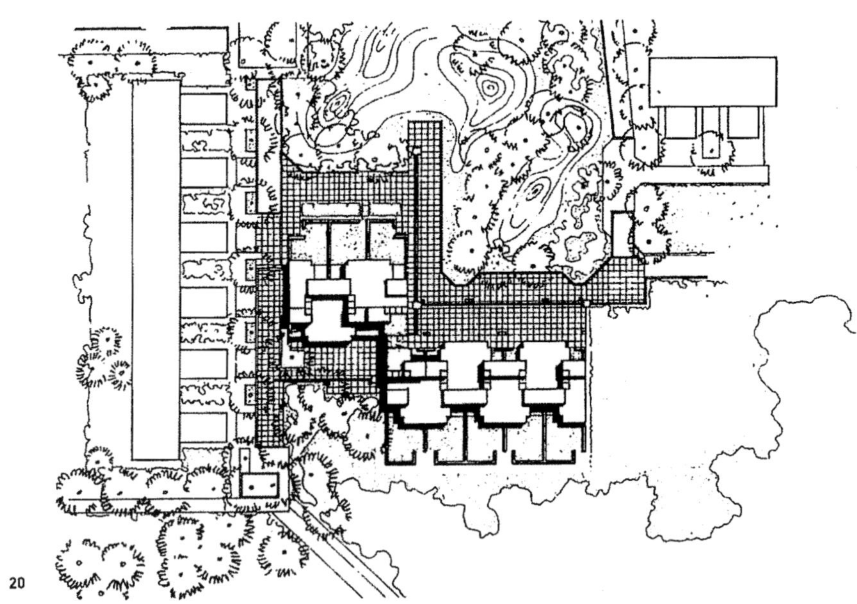

20

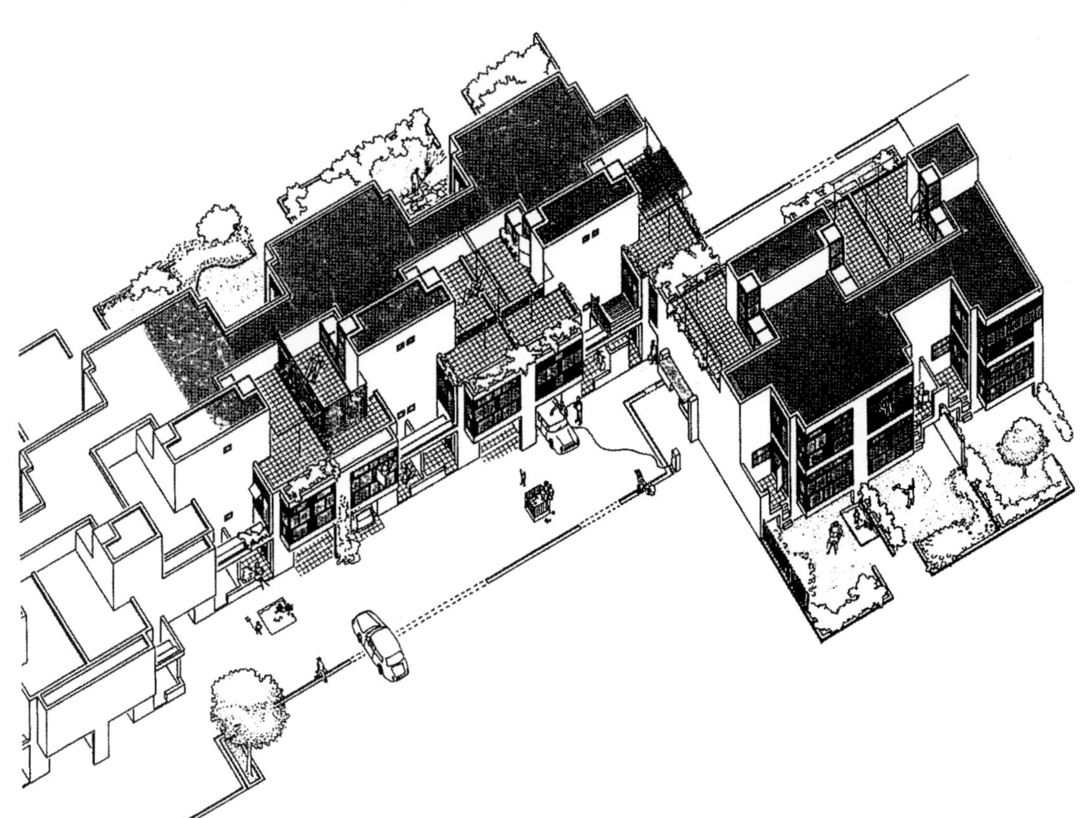

21

작품설명

| 디자인 컨셉 |

이 건물은 덴 헤그 교외 작은 운하가 흐르는 곳에 위치하고 있다. 건물은 운하를 끼고 길게 배치되어 있고, 푸른 잔디 위에 검은 매스가 상당히 대조적으로 눈에 띄며, 운하와 함께 수공간이 건물과 결합되어 있다. 건물의 첫인상은 Herman Hertzberger의 작품으로 인식되기 어려울 정도로 그가 자주 사용하는 콘크리트 블록의 재료가 눈에 띄지 않고 형태감각도 색다르다. 전체적인 조형은 가운데 중심 매스에서 장방형의 긴 매스가 가로질러 뻗어나가고 있고, 조금 어긋나서 다른 작은 매스 두 개가 펼쳐지고 있다. 그러므로 전체적으로 건물이 확장해서 뻗어나가는 운동감을 주고 있다.

내부 공간은 가운데 홀을 중심으로 실들이 펼쳐지고 있다. 홀을 중심으로 서로 벌어진 매스 사이에는 아트리움으로 구성된 식당이 들어서 있고, 그 밖으로는 수공간과 연계된 정원이 있어 좋은 전망을 제공하고 있다.

| 프로그램 |

이 건물은 기업의 트레이드 마크를 법적으로 관리해 주는 Benelux Merkenburo라는 회사의 사옥이다. 주 용도는 사무실로 사용되고 있고 1층에는 로비와 안내, 식당, 휴게실 등 공공시설 등이 들어서 있다. 코어는 로비에 대칭으로 벌어져 있어 전체 매스의 중심을 잡아주는 역할을 하고 있는데, 가운데 로비 매스는 4층으로 구성되어 있고 다른 부분은 3층 규모로 설계되어 있다.

| 동선순환체계 |

이 건물은 운하를 끼고 녹색의 잔디 위에 위치하고 있다. 그러므로 모든 방향에서 접근할 수는 없고, 정문의 주입구에서 접근이 가능하다. 주 출입구는 서로 예각으로 어긋나 있는 매스의 틈사이에 위치하고 있어 시각적으로 강한 흡입력을 가지고 있다. 이곳을 지나면 로비가 나오는데 로비에는 디자인된 쇼파가 오브제로 서있고, 코어는 양쪽으로 분리되어 있는데, 한쪽은 엘리베이터와 화장실, 다른 한쪽은 계단실과 화장실로 구성되어 있

| 구조 시스템 |

건물은 코어를 포함한 로비를 구성하는 매스와 이것을 대각선으로 관통하는 매스가 삽입되어 구성되었다. 전체적으로 기둥은 벽체와 같은 두께를 사용하여 매스와 일체감을 제공하고 있고, 슬라브와 벽체를 제외한 입면은 대부분 프레임 창으로 구성되어 있다. 전체적으로 펼쳐진 형태를 취하고

| 주요 디테일 |

- **사선형 계단**: 로비와 식당의 공간을 시선적으로 한번 걸러주는 필터역할을 하고 있다.
- **외부 마감**: 검은색으로 마감되어 있고 창틀은 흰색으로 마감하여 매스에 대비감를 표현하고 있고 대지의 잔디와 또한 대조를 이루어 전체적으로 강한 이미지를 제공한다.

다. 한편 1층에는 식당이 로비에 노출되어 있어 개방감을 제공하고 로비와 식당사이에는 나선형 철재계단을 배치시켜 2층으로 이동하는 동선과 약간의 시각적 필터 역할을 한다.

그리고 운하측으로 뻗은 매스는 편복도를 취하고 있는데, 이 복도는 상층으로 이동하는 연속하는 계단을 통해 동선이 구성되고 있다. 외부에서 이것은 계단의 입면을 그대로 노출시켜 디자인 요소로서 작용하고 있다.

있는 이건물은 로비에서 양분되 코어가 전체 매스를 잡아주는 역할을 하고 있고, 상부에 원형매스는 이 건물의 중심을 강조하고 있다.

- **쇼파**: 로비에 놓여진 S자형 쇼파는 하나의 오브제로서 작용한다.
- **식당**: 아트리움 형식으로 두 매스사이에 위치하고 있어 상당히 밝은 공간을 제공하고 있고, 밖으로는 정원과 연결되어 있어 사무원들의 휴식의 공간을 제공하고 있다.

GWS 행정 본부
GSW Administrative Headquarter

베를린의 Kochstasse 교차점에는 피터 아이젠만의 Kochstrasse 집합주택, OMA의 Checkpoint Charlie 집합주택이 세워져 있다. 또 인근에는 존 헤덕의 Charlottenstrasse 집합주택이 들어서 있다. 이러한 유명 건축가들 건물 사이에 있는 이 건물은 GSW관리사옥으로 정부 조성의 집합주택을 만드는 협회 즉 도시·주택 정비 공단의 본사 빌딩이다. 주요 시설은 사무실 용도로 사용되고 있고 입구에 카페테리아가 위치해 있다. 특히 이 건물은 색의 사요에 있어서 주목 할만 한데, 가장 눈에 띄는 것은 역시 오피스 입면의 파스텔 톤의 블라인드이다. 이것은 1m의 틈새의 모듈마다에 빨강, 핑크, 노랑, 베이지 등 난색의 화려한 세로톨 블라인드가 방향을 바꾸어 가며 이 거리에 화려한 풍경을 제공하고 있다. 또한 이 장치는 1m간격의 더블 스킨을 사용하여 단열의 효과까지 거두는 역할을 수행하고 있다. 건물의 구성은 크게 3가지로 구분해 볼 수 있다. 2면 도로 코너에 위치한 이 건물은 좁은 도로 쪽을 전면으로 하고 있는데, 대로변으로는 3층 규모의 긴 매스 건물이 들어서 있고, 반대편으로 하나의 다른 매스가 있고, 그 위에 오피스 매스가 들어서 있다. 하단부의 양쪽 매스 사이에는 2층 규모로 개방된 로비가 위치하고 있는데, 이곳은 3면에서 진입이 가능하도록 열려져 있는 공간을 이루고 있다. 한편 대로변 긴 매스 끝에는 노란색의 타원형 매스가 이곳의 랜드 마크를 이루며 서 있고, 이곳 뒤쪽은 작은 광장을 형성하고 있다.

| 디자인 컨셉 |

이 건물은 색깔을 통해 말하고 있는 건축이다. 가장 눈에 띄는 것은 역시 오피스 입면의 파스텔 톤의 블라인드이다. 1m의 틈새 모듈마다에 설치된 빨강, 핑크, 노랑, 베이지 등 난색의 화려한 세로틀 블라인드가 방향을 바꾸어 가며 이 거리에 화려한 풍경을 제공하고 있다. 또한 이 장치는 1m간격의 더블 스킨을 사용하여 단열의 효과까지 거두는 역할을 수행하고 있다.

건물의 구성은 크게 3가지로 구분해 볼 수 있다. 2면 도로 코너에 위치한 이 건물은 좁은 도로쪽을 전면으로 하고 있는데, 대로 변으로는 3층 규모의 긴 매스 건물이 들어서 있고, 반대편으로 하나의 다른 매스가 있으며, 그 위에 오피스 매스가 들어서 있다. 하단부의 양쪽 매스 사이에는 2층 규모로 개방된 로비가 위치하고 있는데, 이곳은 3면에서 진입이 가능하도록 열려져 있는 공간을 이루고 있다. 한편 대로변 긴 매스 끝에는 노란색의 타원형 매스가 이곳의 랜드마크를 이루며 서있고, 이곳 뒤쪽은 작은 광장을 형성하고 있다.

| 프로그램 |

베를린의 Kochstrasse 교차점에는 피터 아이젠만의 Kochstrasse 집합주택, OMA의 Checkpoint Charlie 집합주택이 세워져 있다. 또 인근에는 존 헤덕의 Charlottenstrasse 집합주택이 들어서 있다. 이러한 유명 건축가들 건물 사이에 있는 이 건물은 GSW관리사옥으로, 정부 조성의 집합주택을 만드는 협회 즉 도시 및 주택 정비 공단의 본사 빌딩이다. 주요 시설은 사무실 용도로 사용되고 있고 입구에 카페테리아가 위치해 있다.

이 건물은 2면도로의 코너에 위치하고 있고 주변 건물보다 높기 때문에 어디에서나 인지가 가능하다. 이 건물에 진입하는 동선은 3가지로 구분해 볼 수 있다. 먼저 정면 도로의 주 입구를 통해 진입하는 것, 대로변의 긴 매스의 가운데로 들어오는 것, 그리고 뒤쪽의 광장에서 진입하는 방법이 있다. 이렇게 진입하는 동선은 중앙의 로비로 모이게 된다. 중앙로비는 매스와 매스의 틈에 위치하고 있어 정면과 후면의 공간과 서로 통하고 공유하고 있다. 주 진입이 이루어지는 주 출입구는 앞으로 당겨진 매스와 라운드 처리된 반대편 매스로 인해 강한 흡입력을 가지도록 디자인되어 있다. 로비에 들어서면 마치 막을 씌워 놓은 것 같은 지붕형태의 로비천장을 접하게 되는데, 조명시설을 활용하여 상당히 회화적인 공간을 구성하고 있다. 그리고 로비 한 가운데 안내/관리 데스크가 오브제처럼 디자인되어 있다. 엘리베이터와 코어는 그 뒷편에 위치하고 있고, 사무실로 통하는 수직동선은 이곳에서 이루어진다.

| 구조 시스템 |

이 건물은 디자인상으로 활처럼 휜 오피스 매스가 특징이다. 상대적으로 규모에 비해 상당히 슬림하게 디자인되어 있고, 지붕에 날개를 연상시키는 지붕을 얹어 하늘로 비상하는 듯한 이미지를 제공하고 있다. 또한 이 건물의 입면은 더블 스킨 유리를 사용하여 단열와 디자인적 요소를 함께 처리하고 있다. 기단부분 매스는 검은색 스킨으로 마감하여 상부의 파스텔톤 색깔과 강한 대비를 이루고 있고, 대신 1층 부분의 창틀은 목재를 사용해서 부드러운 이미지를 표현하고 있다.

| 주요 디테일 |

- 진입 공간: 두 매스 사이로 진입하는 주 출입구는 강한 흡입을 유발하고 있다.
- 로비 지붕: 내부에서 보면 평범한 평 슬래브로 구성되어 있지 않고, 마치 파도치는 듯한 형태를 취하고 있어 경직된 공간에 부드러움을 제공하고 조명을 통해 그 효과를 극대화하고 있다.
- 안내 데스크: 약간 어두운 로비공간의 형광 색깔의 원형 데스크는 공간의 오브제가 된다.
- 카페테리아 데크: 주 출입구 오른쪽에 목재로 만든 카페테리아 데크가 있어 자연적인 공간과 휴식의 공간을 제공하고 있다.

GSW

카이저바트
Kaiserbad

카이저바트는 아헨의 옛 온천장 자리에 세워진 건물로서 사무실, 주택, 점포, 갤러리 등이 혼재되어 있는 복합건물이다. 그러므로 특별한 주 출입구는 없고 각 기능별로 분산된 개별 출입구를 통해 진입이 이루어진다. 세 개의 매스로 이루어진 이 건물은 형태적으로는 결합되어있지만 기능적으로 분리된 공간을 만들어내고 있다. 이 세 매스들은 지붕선 디자인과 중앙의 안뜰을 공유함으로써 서로 통합하고 있다. 이 건물은 도시의 역사적 의미와 고전적 도시풍경에 잘 조화를 이룬 작품으로 평가할 수 있다. 예전에 이곳이 온천 지역이었기 때문에 그 이름을 따서 카이저바트라는 이름을 얻었고, 전면에 v자 형으로 디자인된 지붕 선은 광장에서 뒤로 보이는 성당을 담아내기 위한 수법이었다. 그러므로 고전적인 도시 이미지를 가리지 않고 서로 조화시키기 위한 방법으로 형태적 기형을 취한 것이다. 그러나 그 형태가 어색하지 않고 서로 조화를 이루도록 디자인 되어 있다. 전면에 있는 매스는 지붕선이 v자 형태를 취하고 있어 배경으로 성당을 담고 있고, 이 매스 뒤편으로 다른 두 매스도 교묘하게 지붕선이 성당으로의 시야를 피하면서 디자인되어 있다. 각각의 건물들은 추상적인 형태를 취하면서 조화를 이루고 있다. 날카로운 사선을 디자인 요소로 사용하여 뒤에 있는 성당의 첨탑과 상응하는 디자인을 보여주고 있다. 세 매스들이 둘러싸고 있는 안뜰은 전면에서는 숨어 있다. 그러므로 상당히 조용한 공간을 형성하고 있는데, 형태적 다양함에서 가져오는 경쾌함을 이 곳 안뜰에서 차분함으로 치환시키고 있다.

Ernst Kasper–Klaus Klever의 건축 사고과정
: 카이저바트(Kaiserbad), Aachen, Germany 1994 – Ernst Kasper, Klaus Klever

"카이저바트(kaiserbad)"라는 명칭은 지금은 과거와의 관련을 나타내고 있을 뿐이다. 아헨 도시사람들에게 있어, 역사는 상당히 중요하나 그것은 이미 닫혀진 것이다."

이 부지는 역사 안으로 살며시 침투해 있다. 이 지역은 원래는 온천이 나오는 늪지로 덮여있었다. "카이저바트"는 현재 시장으로 되어있는 언덕 위에 설치된 많은 온천 중에서도 가장 중요한 것이었다. 기원 1세기 두렵, 로마인은 온천지로서 유명한 이곳 아헨에 거대한 공중 욕장을 건설했다. 샤를마뉴 대제는 대단히 온천을 좋아하여, 이곳의 작고 높은 언덕 위에 궁전을 짓고 그곳에 인접해서 궁정 교회를 건설했다. 그것은 현재에도 존재하는 성당으로 팔각형의 형태로 되어있다. 아헨은 당시 샤를마뉴 대제가 좋아하여 거주한 장소였던 것이다. 몇 세기가 흘러, 이 "카이저바트" 욕장은 아헨에 있어 가장 중요한 장소 중 하나가 되었다. 온천 호텔로서 설계된 19세기의 건물은 제2차 세계대전 중에 파괴되었기 때문에, 1963년에는 소규모의 온천 욕장이 건설되었다. 이것은 낮고 평탄한 건물로 그곳을 향해 대성당과 교구교회가 바라다 보였다. "뷰첼(Buchel)" 가로에 면한 벽면은 마타레(Matare)가 디자인한 슬레이트 릴리프로 뒤덮여 있었으며, 낮 동안 내내 해 그림자가 드리워져 있었다.

이 욕장은 1984년에 재정적 이유로 폐쇄되었으며, 그 후 곧바로 건물도 철거되었다. 그곳에 남아있는 것은 온천을 실제로 다루는 기술, 건강회복과 치료를 위한 기구, 그리고 공중 욕장으로의 급탕 장비 및 광천수 저

Klaus klever

Ernst kasper

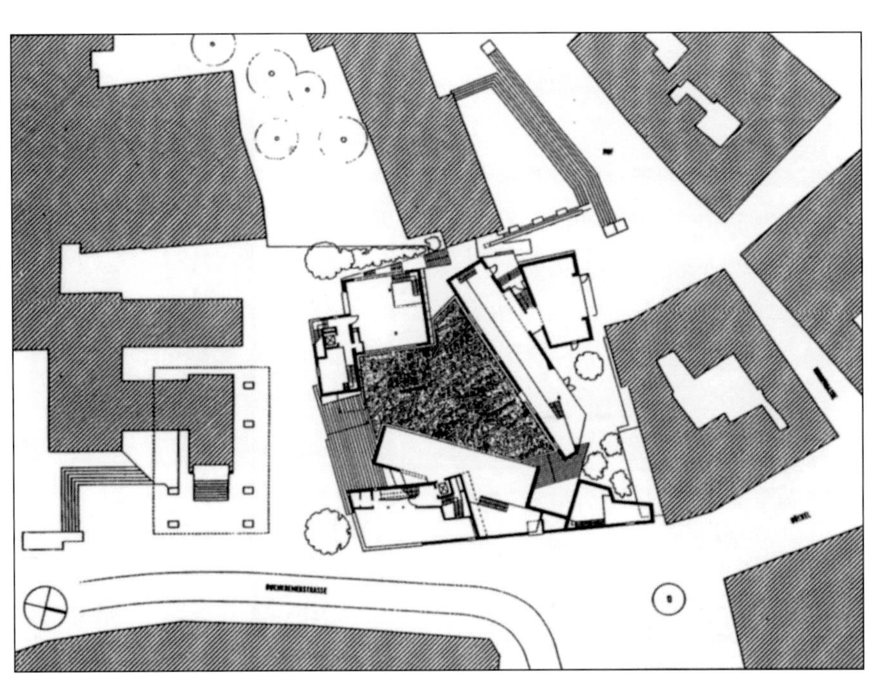

1

조기 등이었다. 이러한 기술은 그대로 보존되었으며, 온천을 손상시키지 않고 설치되었다. 이 새로운 건물은 아헨이라는 역사도시와의 단절을 보여주고 있다. 이 대지에는 물론 욕장은 존재하지 않으나, 약 2천년에 걸친 아헨 도시의 발전의 역사에서 이렇게 결정적인 역할을 수행해 왔던 온천이 지금도 그곳에 있었던 것이다. 이 온천장은 다만 아무것도 없이 발전해 온 것은 아니다. 어떤 건물도 그 위치, 더욱이 역사적인 건축규모를 답습하고 있다. 이것은 기본적인 조건 중 하나로써 1990년의 현대의 건축가들에게 생각할 것을 요구하고 있었다. 그리고 그 결과 우리의 건축사무소가 그 일을 담당하게 되었다. 이 프로젝트의 개념은 주변부로부터 중심부로 전개되어, 인접한 도시환경에 호응하고, 그것을 보완하여 현존하는 것의 의미를 강화하며 여기에 새로운 형태를 제공하고 있는 것이다.

4

2

3

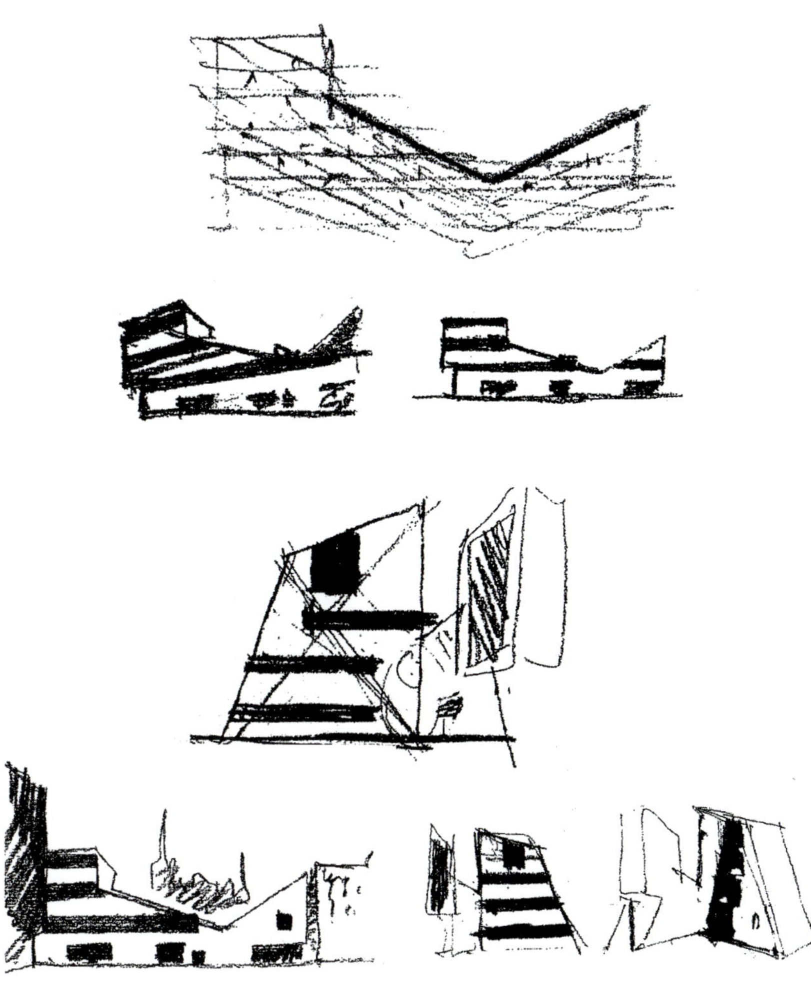

5

이 개념이 3개의 건물로 이루어진 집합을 도출해 내었으며, 그 독립성과 다양성은 이 집합 한 가운데에 있다고 해도 좋다. 건물들은 애매한 공간 안에 있으면서 서로 연결된 상태로 존재하고 있다. 이 건물 군은 상징적인 온천의 윤곽을 확실히 나타내고 있으나 이것은 의도적인 것이 아니라 결과적으로 그렇게 된 것이다.

이러한 개념은 중세시대의 사고방식에 의한 것이다. 의도적으로 계획된 통로나 공간형태, 바라보이는 경관, 방향성의 소거 등은 이 도시에서의 경험으로부터 생겨난 것이다. 건축계획은 그것이 놓여진 상황 안에서 기본적 요소와 관련되어 입안되었으며, 그것이 현대건축의 수단을 사용하면서 어떻게 설명되고 있는가 하는 것이다. "기질(氣質)의 적합(適合)"이라고도 말할 수 있는 것이 옛 것과 새로운 것과의 관계를 결정하고 있다.

이들 건물은 현상에 따라 구성된 것이지만, 한편으로는 전체모습으로부터 잘라낸 추상적 도형묘사의 형태처럼 조각적으로 디자인되었다. 표면의 처리, 단부의 처리, 건축재료의 변화, 창의 위치 등 모두 이 원리에 기초하고 있다. 지붕 너머로 바라보이는 대성당의 경관은 이 디자인을 결정짓는 모티브가 되었다. 재해석된 지붕 너머의 경관은 "뷰첼" 가로에까지 이르며 그곳에서 명확히 분리되어 끝나고 있다. 그 결과 파사드에 나타난 V자 형의 창이 성당과 교구 교회를 위한 배경을 형성하고 있다. 새로운 건물은 명확한 위치를 차지하며, 동시에 성당과 교구 교회라는 "그림"을 위한 액자가 되도록 충분히 후퇴되어 있다.

그것은 가까이 있는 것과 멀리 있는 것과의 서로 간의 조정을 통해 이루어지고 있다. 성당과 교구 교회는 이러한 관계의 중심점에서 새로운 건물에 의해 시각적으로 강조되며, 또한 틈을 매우는 새로운 벽면의 일부와 같이 보이게 된다.

새 건물을 향해 서 있는 성당과 교구교회가 상대적으로 배치된 새로운 건물형태를 결정짓고 있다. 건물군이 그 형태나 위치에 의해 이 그림의 틀을 제공하며, 그 형태나 위치는 상당히 원근법적 지각의 관습에 의해 결정되고 있는 것이다. 이 건물은 인접한 건물의 매개물로써 작용하며, 고립된 것으로부터 탈출하고 있다. "뷰첼" 가로의 공간은 도시적 컨텍스트 안에 한정되어 있으나 동시에 시각적으로는 해방되어 있다.

여기에서는 건축이란 무엇인가를 나타내는 자명한 논거가 있다. 도시생활에서 온천은 그 모습이 사라지고있다. 공중 욕장은 다른 용도로 대신 사용된다. 온천원(原)은 완전히 전부 은폐되게 되었다. 온천을 떠도는 전설이나 공상과 매혹은 하나도 남아 있지 않다. 그러나, "스프링 광장(Spring Square)"은 사람들을 그 기원으로

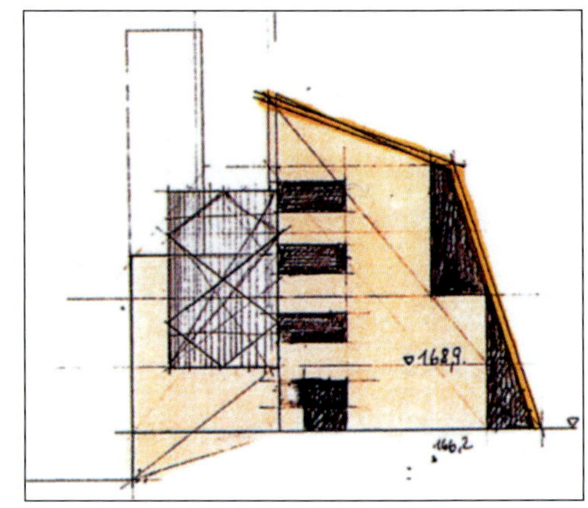

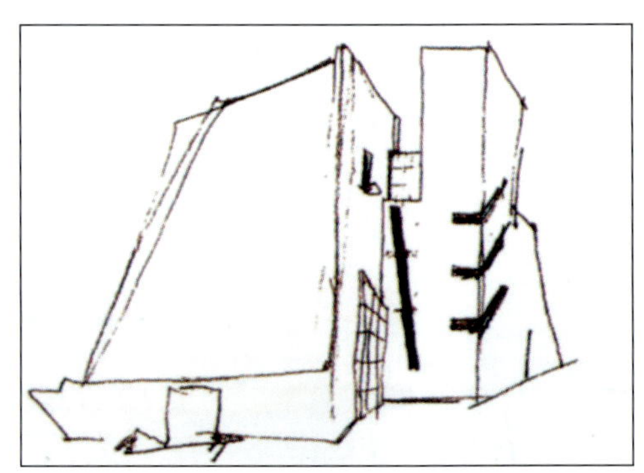

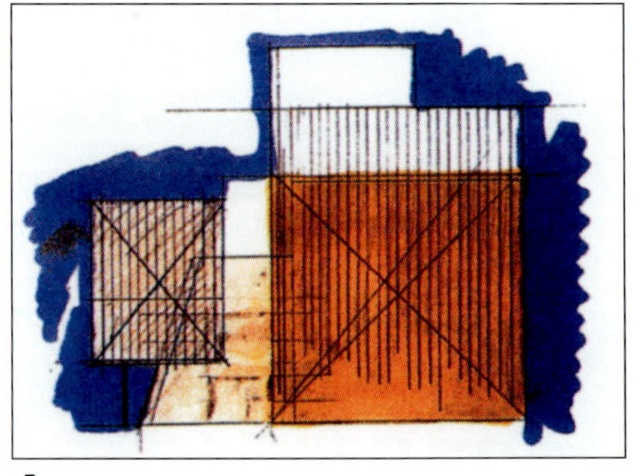

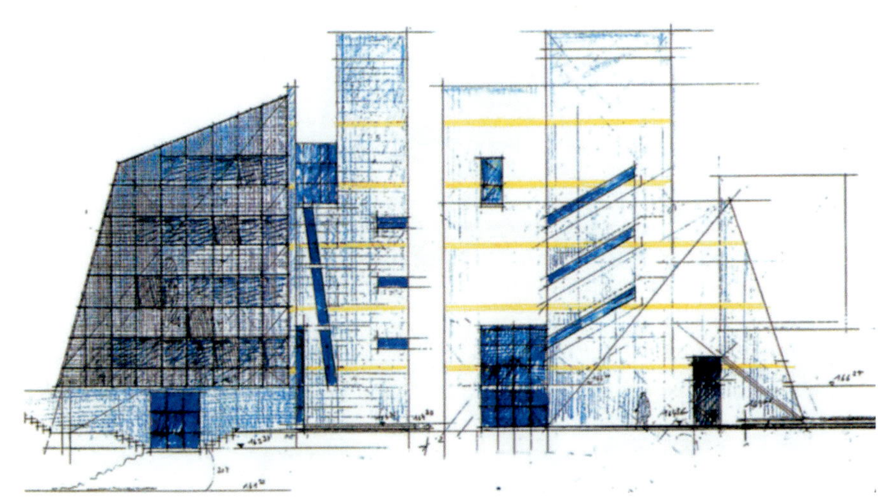

유도한다. 그것은 늪지를 상징하고 있다. 3개의 건물사이에 만들어진 "포스 필드(force-field)"
가 전설적인 장소, 즉 아헨의 탄생지를 명확히 하고 있는 것이다.

지면에는 녹지 편마암의 작은 모래부지 안에 화강암의 세장한 파편들이 매립되어 있다. 이 지면
으로부터 물이 분출되어 나오며 작은 돌 사이를 흐르다가 다시 대지로 흘러 들어간다. 나중에는
제일 위의 건조한 작은 돌들이 남는다. 이 대지가 내방객(來訪客)을 맞아들일 수 있을지의 여부,
그 위를 걸을 수 있을지의 여부가 명확치 않다. 분출되는 물은 탄생의 풍부한 증거로서, 모든 종
류의 물을 대표하는 온천원(原)을 상징하는 것이다.

결국 "스프링 광장"은 내방객에게 그 실상을 감추고 있는 타부의 장소인 것이다. 대지로의 입구
는 쉽게 보이지 않도록 만들어져 있다. 광장은 조용히 미적 감각에 호소하도록 계획되어 있으
며, 사람들의 감각이나 감정을 불러일으키는 장소가 되고 있다. 어떤 건물에서도 광장에 면한

8　　9

10

전체 배치도

1. Cathedral
2. Parish church
3. 중세 시청
4. Büchel
5. Hof

HAUS DER KOHLE
EYE

blue
blue
HOFGARTEN

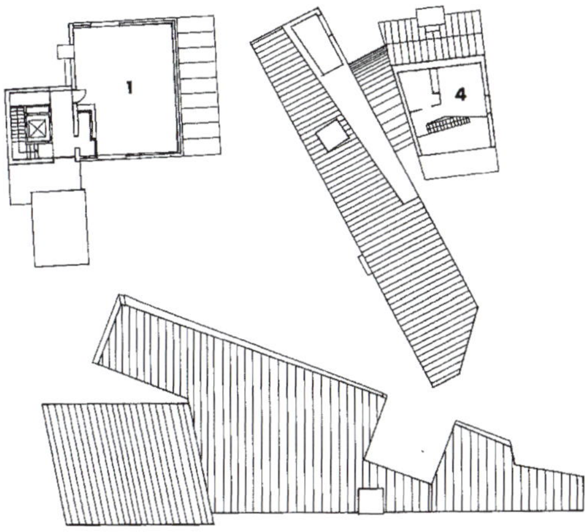

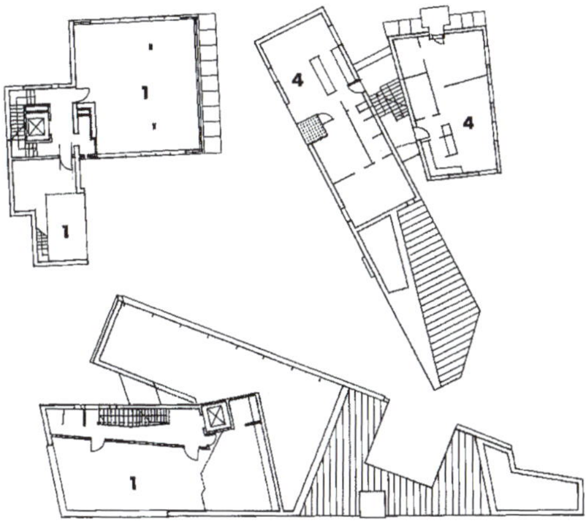

지하층 평면도

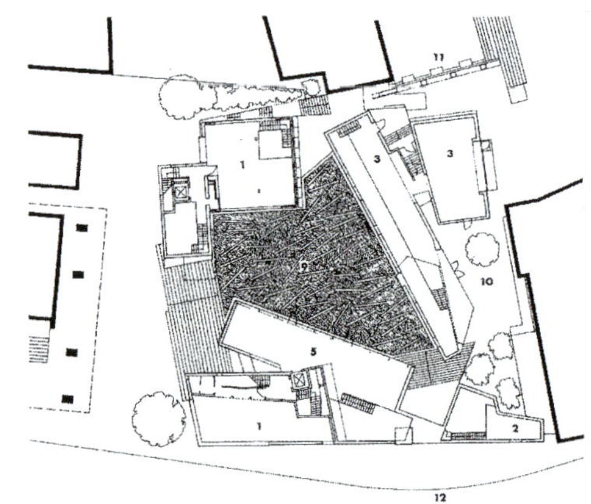

1층 평면도

1. 오피스
2. 점포상가
3. pub
4. 주택
5. Aachen Window
6. Kaiserquelle
7. 지하온천 저수조
8. 중세유적(벽)
9. Spring 광장
10. Count
11. 로마식 아케이드 Replica
12. Büchel

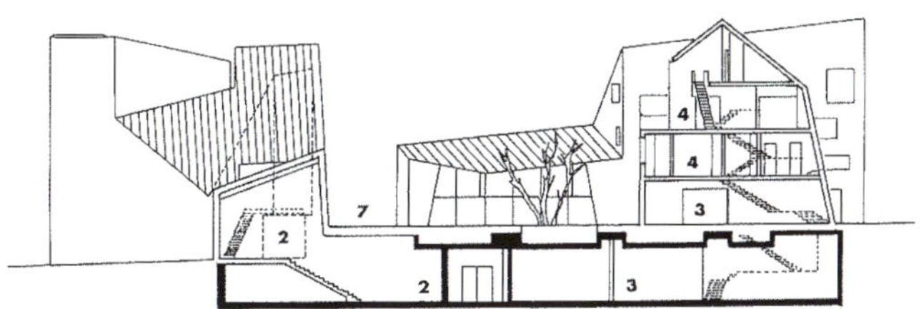
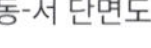

동-서 단면도

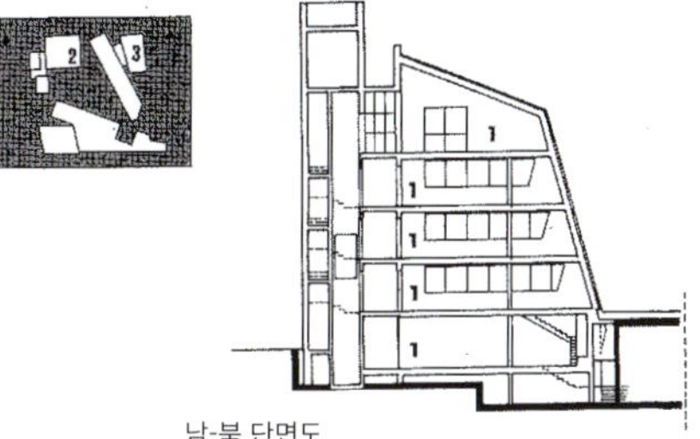

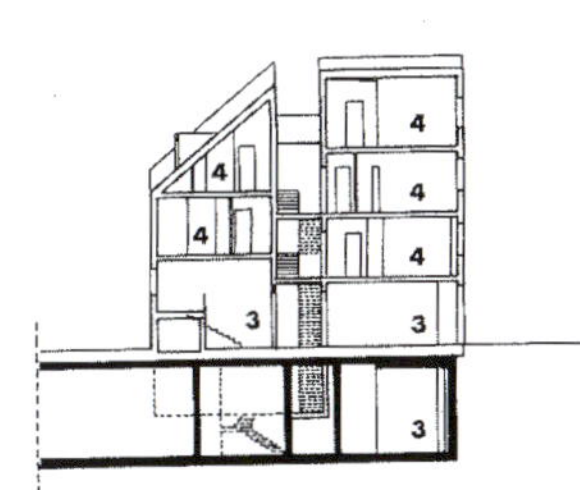

남-북 단면도

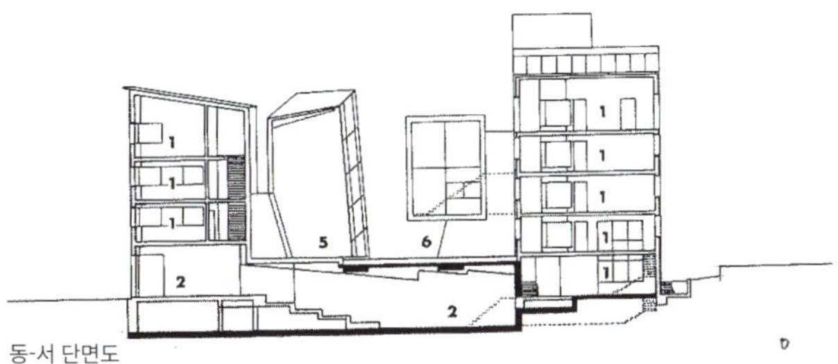

동-서 단면도

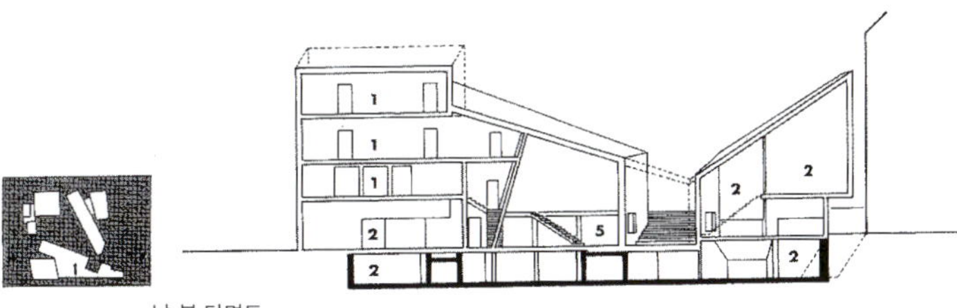

남-북 단면도

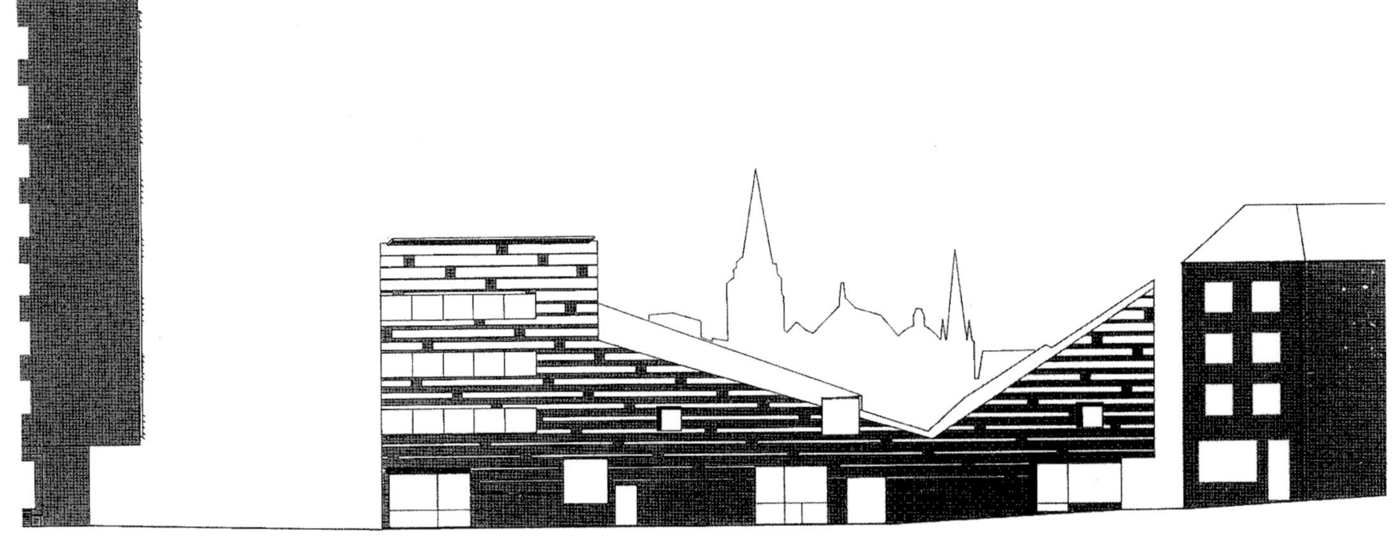

동측 입면도

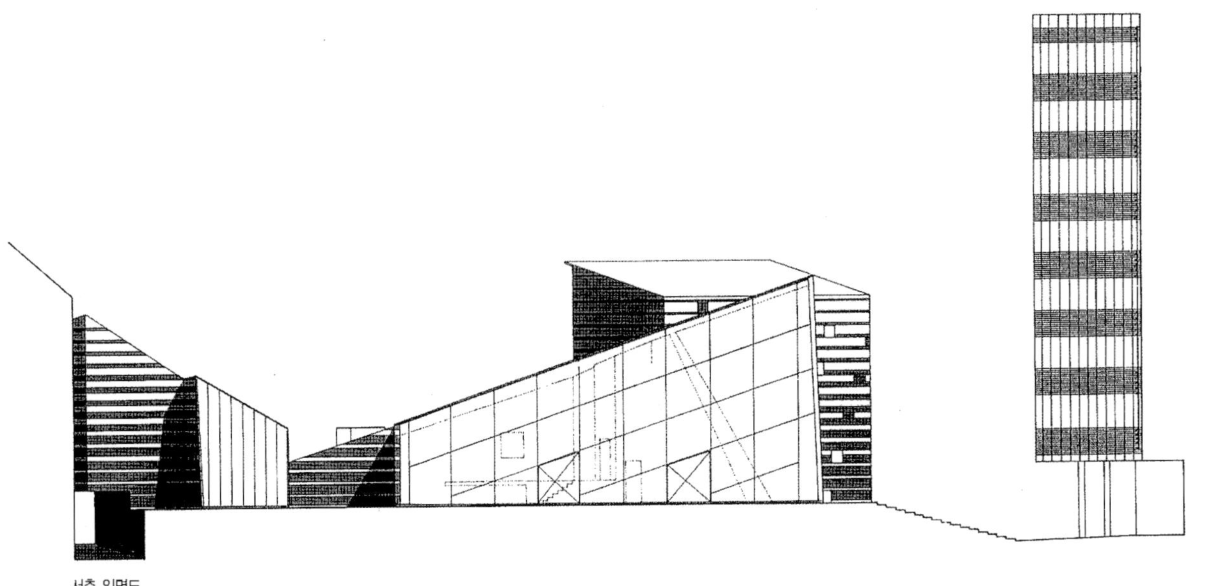

서측 입면도

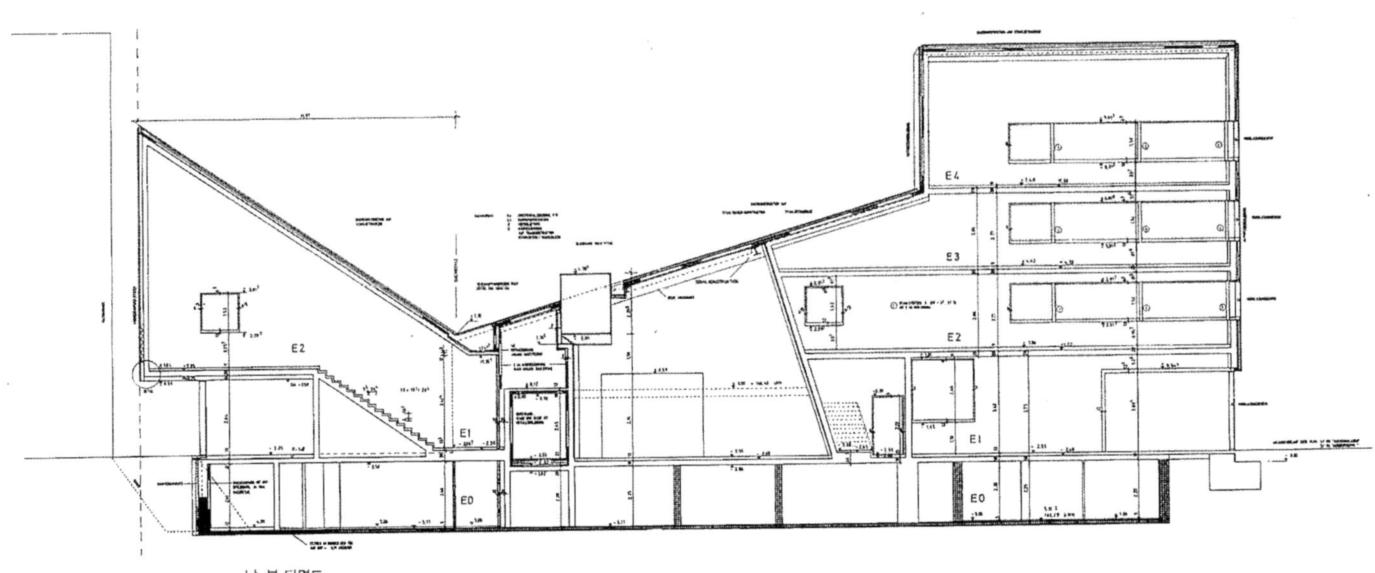

남-북 단면도

코이즈미 산쿄 오피스 빌딩
Koisumi Sangyo Office Building

전체적인 건축 프로그램은 오피스에 맞게 디자인되었으며, 대부분 오피스로서 사용될 목적이었다. 건축물의 전체 프로그램은 8층으로 되어 있으며, 각 층마다 코어의 최소한의 면적을 유지한 채 사무실로서의 기능을 수행한다. 1층은 자동기계 주차 박스와 정면 입구가 있으며 내부에는 주 코어와 부수적인 계단이 형성되어 있다. 3층에는 쇼룸이 있는데, 고이즈미사의 제품을 전시하기 위한 작은 규모의 전시실이 계획된 것이다. 5, 6층에는 외부에서 보았을 때 가장 인상적인 입면으로 처리된 전시 갤러리가 형성되어 있으며, 이 곳의 다양한 빛의 처리를 통해, 본 건물에서 가장 아름답고 훌륭한 내부 공간을 이루고 있다. 외부에서 보았을 때, 일본 동경의 혼잡함과 비장소로서의 특성을 건축물에 표현하기 위해 다양한 크기의 박스들을 다양한 각도에서 중첩시켜 놓았으며, 이는 아이젠만이 시도한 "장소의 부재"의 표현에 다름 아닌 것이다. 아이젠만의 건축에서 구조는 늘 도전적인 과제가 되고 있다. 탈 기능주의를 선언한 아이젠만이 가장 먼저 이를 시각화한 것은 내부의 기둥의 처리와 외부에서 보았을 때 무너져 내릴 것 같은 벽체의 구성에서였다. 그에게 있어 기둥은 전통적인 기둥의 기능에서 벗어난 기둥이었으며, 따라서 하중에서 벗어나 자유로이 공중을 날아다니는 듯한 기둥이 특징을 이루고 있는 것이다. 이 작품에서는, 외부에서 보았을 때 구조체의 전통적인 방식은 시각적으로 유지시킨 채 내부에서의 다양한 벽체의 각도와 개구부의 뚫림 방식 그리고 경사진 기둥의 처리가 그것을 잘 말해준다. 물론 이러한 처리는 구조적인 특성을 유지한 채 이루어지기 때문에 다분히 표현주의적이라고 말할 수도 있으나, 그 보다 앞서 아이젠만이 가지고 있는 전통적인 기능성으로부터의 탈피, 무목적성의 공간 등을 수행하기 위한 의도라고 보아야 정확할 것이다.

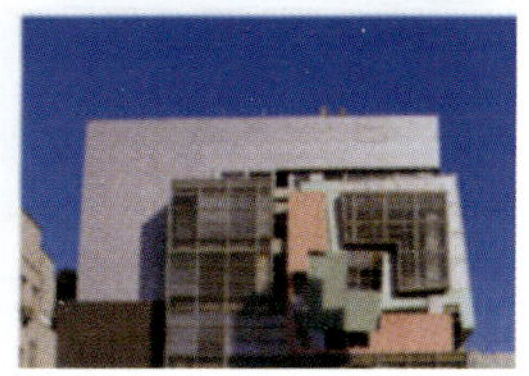

Peter Eisenmann의 건축사고과정

: Kenneth Frampton

Peter Eisenmann

유흥은 "보통"의 생활에, 장소 모두에 변화를 주는 것이다. (…) 유흥은 그 자체의 과정과 의미를 포함하고 있다.
(…) 유흥과 의례(儀禮) 사이에 형태상의 차이가 없는 것처럼, 성지(聖地)와 유흥장은 형태상으로는 구별할 수 없다.
투기장, 카드 테이블, 의원, 신전, 무대, 극장, 테니스장, 법정 등은 형태와 기능에서 모두 유흥장이다. 즉, 출입이
금지되었거나 주위에 울타리가 있어 고립되었거나 신성시되는 장소로, 그곳에서의 특별한 규율이 있다. 이들 모든
장소는 보통의 세계에서와는 다른 행동을 할 수 있도록 제공된 일상적인 세계이다.

Johannes Huizinga, Homo Ludens

천국이 신의 죽음으로 사라져버린 신기루였다는 것은 그리 충격적이지 않다. 그러나, 그것과 함께 사라져 버린 지상 낙원 때문에 인간들은 더욱 더 불안해지고 충격적인 환경에 놓여있다. 현재 우리는 우리의 과학적인 승리의 침묵과 우리의 영적인 주체의 공허감에 직면하고 있으며, 우리 자신의 수학적인 능력과 파괴되고 황폐화 된 자연 외에 아무 것도 존재하지 않는다는 것을 깨달았다. 우리는 신을 두려워하는 신의 자손이기보다는 오염을 창조한 조물주가 되었다. 따라서, 지금까지 우리의 운명은 이것으로 결정되었으며, 현재 우리는 "무제한의 가치"의 상태에 존재하고 있다. 즉, 우리 욕망의 대상이 불분명한 것이다.

이상(理想)이 없는 "긍정의(posiyive)" 아방가르드는 "존재 이유"가 없으며, 후기 계몽주의의 정신적 고갈은 인간의 진보적 운명이 더 이상 확실치 않다는 맥락에서 발생한 것이다. 20세기 전반기의 "부정의(negative)" 아방가르드의 기원은 합리주의의 아포리아(aporia)를 너무 성급히 인식한데서 허용된 것임이 틀림없다.

그러나 그것은 비교적 전통적인 사회의 금지된 특권 내에서나 그렇고 생태학적인 향상성이 파괴될 위험은 여전히 기계의 지나친 소비에 달려있다. 20세기 후반인 현재, 우리는 거짓되고 잠정적으로 자폭할 수 있는 환경 내에서 우리 스스로 "호모루덴스(homo ludens)"로서 목을 매달고 있다는 것을 알았다. 즉, 우리는 최신 과학 기술의 업적을 재확인하면서 안심하는 자기기만과 핵전쟁의 허무주의적인 미래를 안고 있다. 우리의 데카르트적 탐욕은 우리가 혼란한 자연을 해결할 더욱 더 교활한 방법을 궁리하기 위해, 우리의 쥐꼬리만한

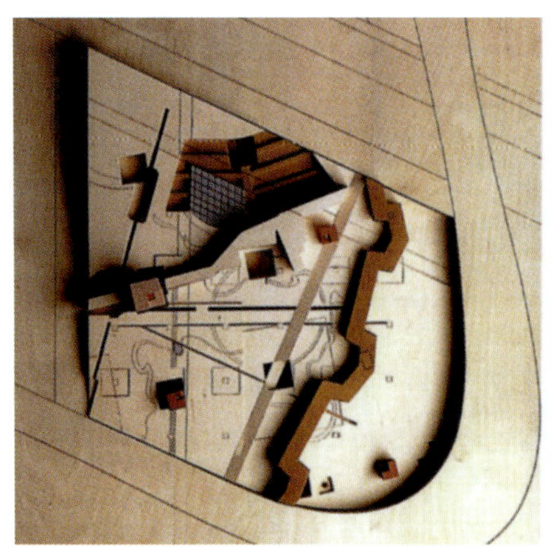

1

2

지능에 헌신하고 있다는 것을 말해주고 있다. 종말 직전의 황폐화에서, 우리는 이성과 창의력이 널리 보편화 되면, 어떻게 해서든지 인간과 자연을 화해시키는 것이 성공할 것이라는 극히 단순한 신념을 떨쳐버리지 못 하고 있다.

우리들은 아이젠만의 작품에 대해 일종의 논평을 시도함으로써 그의 지성을 입증해야 한다. 이러한 "이유 중 의 하나는 아이젠만의 작품은 무엇보다도 '문자화(apres la lette)' 되어있기 때문이다."

동시에 이러한 이성의 위기는 빈 공간을 남김으로써, 잃어버린 유토피아를 표현한 그의 작품 안에 비밀스럽 게 표현되어 있다. 아이젠만은 어둠 속의 휘파람과 같은 형태로 그의 "유희 탐미주의(ludic aestheticism)" 를 유지할 수 있다는 신념을 갖고 있다. 아방가르드의 초월을 회화화시키는 것, 이것은 그가 오늘날 너무나 계산된 문화적 소비주의의 조작과 예술시장의 허점에 저항하기 위해 사용한 전략으로, 이 때문에 그는 더욱 더 명성을 얻었다. 그의 건축은 이러한 게임에도 불구하고 존재하며, 부분적으로는 우리 시대 빈곤과의 피할 수 없는 대면을 회피해 보려는 허구로서 고안되기도 한다. 단정과 부정 사이를 오가며 아이젠만은 잃어버린 동기의 마지막 목격자와 같이 그가 여러 해 동안 공들인 이론으로 밀고 나갔다.

60년대 중반 이래로 아이젠만의 작품은 표면적으로는 양립 가능한 2차대전 이전의 아방가르드 건축, 즉 한편 은 네덜란드의 신조형주의 운동과 다른 한편으로는 〈Gruppo 7〉으로 대표되는 이탈리아 합리주의 작품의 두 가지 모순성을 다음과 같은 간단한 이유, 즉 전자는 건축을 예술에서 끌어내 구체화 시켰기 때문에 심미적 사 색으로 단정했고, 후자는 지중해의 고전주의의 기술적 전통에 고착되었다는 점에서 확인하려 한다. 이것의 이 율배반적인 기원에 주의를 기울이는 것이 중요하다. 왜냐하면, 현재 아이젠만의 작품에는 일종의 분열이 보이 고 있고, 결국, 이러한 불일치는 건축의 제약과 예술의 언설(言說) 사이에 필연적으로 얻어지는 것이기 때문이 다. 일반적으로 기본적인 차이는 죠르지오 그라시(Giorgio Grassi)의 작품에서 더욱 더 뚜렷하다. 특히, 그의 전쟁 이전 근대 건축 운동의 많은 작품들은 추상적, 심미적 사색에서 결과한 형태를 발생시켰다. 즉, 이것의 기원은 유형학적(Typological)/구축적(Constructional) 담론보다는 조형적(Figurative)/회화적인(Pictorial) 이 미지에 달려있다는 것을 작품에서 지적했다. 자연발생적인 유기적 형태인 영국의 수공예 운동(art and craft) 의 주택이 네덜란드 신조형주의 운동의 건축구성과 일치하는 편리한 형태로 인정된 것은 우연이 아니다. 무엇 보다도 1924년, 풍차형과 같은 특징을 띠고 있는 G. 리트벨트의 〈쉬뢰더 주택〉과 같은 시대에 데오 반 되스 버그의 주택도 같은 종류의 규범적인 예술가의 주택이었다. 우리들은 이러한 공간상의 제안에 기초가 되고 있 는 강한 유토피아적인 충동에 유념할 필요가 있다. 그러나, 신조형주의의 범례는 사회-기술적, 형태적 한계로

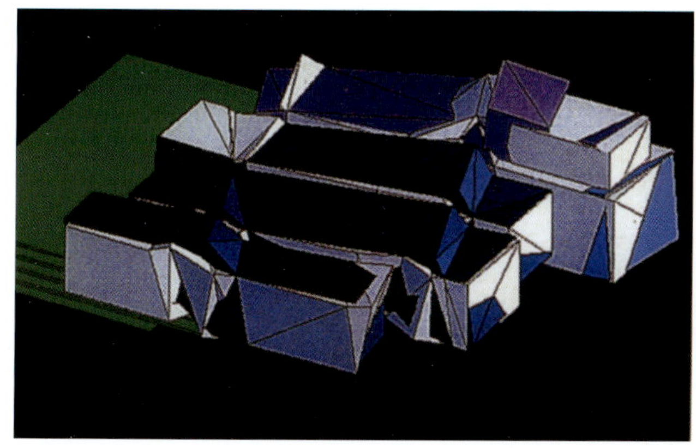

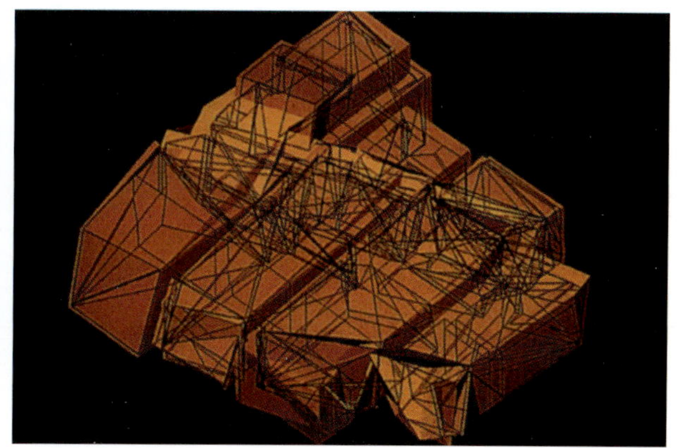

코이즈미 산쿄 오피스 빌딩

스스로 아방가르드로 판명되었다. 따라서, 그들은 이전의 형태를 재빨리 포기하고 자유롭게 서있는(free-standing) 주택의 원심적 구성의 한계를 초월하는 사태를 받아들였다. 이러한 사태는 이미 1926년 G. 리트벨트의 유트레히트에 있는 〈테라스 주택〉에서 나타났으며, 반 되스버그(Van Doesburg)의 주택을 상점가의 정면의 연속으로 계획되었다. 후자는 반 되스버그 자신이 스스로 정면의 표면적인 신 조형주의적 조형을 제한하도록 강요한 점이 중요하다. 그 60년 후인, 1986년 베를린에서 완공된 코쉬트라세(Kochstrasse) 집합주택의 표면상의 침식은 신 조형주의와 어느 정도 비슷한 얕은 부조의 구조로 환원되었다. P. 아이제만의 초기 작품이나 신 조형주의 작품은 서로 비슷한데, 1968년 뉴저지의 프린스톤에 완공된 〈주택 I 호〉(Barenholtz Toy Museum)나 1970년 버몬트 하드위크에 건설된 〈주택 II 호〉(The talk house)는 모두 일종의 풍차 형태로 추측된다. 이것은 1976년 코네티컷시의 콘웰주에 건설된 〈주택10호〉, 1980년의 〈주택11호 B〉로 이름이 붙은, 반은 땅속에 묻힌 주택계획, 1982년 〈Fin'os Thous〉의 정교함들이 그의 최근의 작품에서 나타났다. 이러한 주택들은 예술 작품으로서 빠르게 건설될 수 있었던 반면에 반복적인 볼륨의 그룹이 커질수록 더욱 더 일반적이고 규범적인 건물을 요구한다. 즉, 이러한 형태는 조각과 회화의 영역에서 취급되는 추상적인 형태보다도 오히려 전통적인 건축에서 발견될 수 있는 것이다. 이점에 관해서 아이젠만의 〈베를린 집합주택〉에서 블록(block)의 내부 볼륨(volume)을 단순하고 경제적인 개실의 분할로 환원시킴으로써 전쟁 이전 아방가르드의 유산을 효율적으로 부정했다는 점이 중요하다. 이러한 공간에서 해방되는 사람은 사용자가 아니라 건축가이다. 즉, 내부구성의 질에 상관없이 자유의지로 건축가 자신의 미적인 조작을 마음대로 할 수 있는 것이다. 예전에는 집합주택의 내부 구성에 관해서는 생산의 경제성과 시장의 동향에 의해서만 결정되었으나, 이제는 이러한 요소의 흔적은 사실상 포기해야 하며 집합주택은 인간 해방의 계획으로서 현대적인 프로젝트로 계속 연결되어야만 한다고 확고히 주장할 것이다. 이러한 포기는 아이젠만 시대의 관념적인 모습으로 묘사된다. 르 꼬르뷔제(Le Corbusier)와 알바 알토(Alvar Aalto)는 1955년, 베를린에 건축한 그들의 아파트(Charlottenberg and Hansa Viertel)에서 "자유평면"과 세포 모양의 집합주택 유니트들이 고층 구조를 형성하면서 반복적인 모듈(modular)로 조화되고 있는 것을 실재로 보여줄 수 있었다.

이러한 포괄적인 비교를 초월하여, 공평하게 그 자체의 조건 하에서 아이젠만의 작품을 비평해보자. 즉, 그 조건 중의 하나는 그의 본래의 의도하는 결과를 설명하는 것이고, 그렇게 함으로써 두 가지의 상호 관련된 의문들이 생긴다. 우선, 우리는 충족 시켜줄 수 있는지 의문을 제기해야 하고, 다음 우리는 이러한 조작 내에서 내적인 일관성을 포함하고 있는지, 시적인 결과가 생산적인 수단을 정당화시키는 지와 같은 이러한 문제를 제기해야만 한다. 아이젠만 작품의 영구적인 주제는 구조주의와 현대 후기구조주의의 사상과 유사하다. 전쟁 이전의 유토피아를 포기하는 대신에, 그는 과학적인 바탕 하에서 자립적인 건축언어의 이상을 추구했는데 이것은 음악분야에서 아놀드 쉔베르그(Arnold Schenberg)의 12음법에 비교할 만한 것이다.

5

아이젠만의 새로운 언어의 선례는 이탈리아 합리주의자들의 작품에 존재하는데, 무엇보다도 쥬세페 테라니(Giuseppe Terragn)의 작품인 1936년 꼬모(Como)에 세워진 〈카사 델 파치오(the casa del Fascio)〉에 존재한다. 아이젠만 자신의 혁신적인 통사론의 기초 하에, 이탈리아의 고전적 전통을 다시 읽을 수 있는 작품을 선택했던 것은 아마도 그의 사상의 역설적인 보수성을 일러주는 것이다. 그럼에도 불구하고 아이젠만이 60년대 후반 이래로 그 자신이 추구했던 것은 "불명료"한 형식 시스템이었다. 그것은 전통적인 모든 텍토닉(tectonic)의 참조를 초월하였기 때문에, 그 결과를 지지해 줄만큼 중요하지 않았다. 그리고 기둥은 더 이상 각 층 사이의 인간 중심적인 접근(anthropomorphic access)을 지시하는 것이 아니다. 사실, 그는 탈–인본주의(post-humanist)에 사로 잡혔으며, 건축 외에 전통적인 이해의 일종인 아르키메데스적 통사론을 자신의

6

건축에 부과시켰다.

통사론적 변형과 같은 것 혹은 다른 종류의 치환에 강박관념을 갖고 있는 아이젠만은 그의 지적인 참조의 장을 옮겼다. 즉, 그는 60년대 중반의 놈 촘스키(Noam Chomsky)의 "생성문법"이 나타나기 시작하여, 1980년대 쟈크 데리다(Jacques Derrida)의 『그라마톨로기 이론(On Grammatology)』에 예시된 해체과정에 더욱 의존하게 되었다. 로잘린 크라우스(Rosalind Krauss)는 〈주택Ⅳ〉에서 이러한 지적인 참조의 장이 옮겨졌음을 지적하는 선견지명이 있었다. 이때 아이젠만은 자신의 "인지 형태론"을 포기했는데 그것은 구조주의에 있어 "차이(Differences)"의 급중 때문이었다.

어쨌든 아이젠만은 한가지의 조직적인 방법론을 포함하기보다는 무한한 둔주곡-형식(fugal-formal)의 과정을 표명하는데 더욱 관심이 있었으며, 이러한 견해로부터 데리다의 유동적인 불안정한 지시대상에 관한 관심은 더욱 더 유용한 형태를 만들었다. 아이젠만이 선택한 도구(devices)들이 전혀 예상할 수 없고 매우 고무적인 형태의 중복(베를린 Kochstrasse의 건물 정면에 있는 창살 무늬 그리드의 상호작용에서 볼 수 있다)을 생성하기 때문에 사실 대단히 효과적인 것으로 증명된 반면에, 중복된 형태들은 전체 작품으로 보면 도움이 되지 않는 2차원적인 성질의 경향을 나타내기도 한다.

임의적이기는 하나 이러한 규칙을 엄밀히 시행한 표면적인 주제로, 공간적 통사론의 둔주곡-형식(fugal-formal)은 전체적인 공간내의 침투보다는 오히려 볼륨과 매스의 내,외 표면 쪽으로 끌리는 경향이 생기게 된다. 이러한 이유를 추론하기는 어렵다. 왜냐하면 깊은 구조(Deep Structure)에서 기둥의 치환은 항상 내부 볼륨의 유용성을 방해하기 때문이다. 이러한 모순은 분명 건축을 실제 생활의 물리적인 문맥을 구축하는 경험적인 예술로 보기보다는 음악, 미술, 조각과 같이 자율적인 예술로 간주해서 생긴 결과이다. 건축은 빈궁한 세계의 타락과 타협하지 않는 테오드르 아도르노(Theodor Adorno)의 "부정의 사상"의 개념과는 거리가 멀며, 죠르조 그라시(Grassi)가 논의한 것처럼 단지 상대적인 자립으로 존재할 뿐이다. 이러한 관점에서 건축의 자립성은 특정한 사회와 문화에 주어진 유형학적이고 텍토닉한 조건에 부분적으로 따르는 것이다. 가장 최근에 아이젠만은 그의 생성문법의 범례에 따라 특정 부지의 지형상의 변화를 덧붙였다. 그리고 이것은 그가 지금까지 채택해 온 직교축상의 치환보다 공간적인 조절을 더욱 더 가능하게 해준다.

생성적인 테크닉으로서의 단편적인 기하학을 포함하여, 다시 한번 그의 출발점에서 건축외적인 언설을 인용할 필요가 있다. 최근에 아이젠만의 작품을 정당화시키는 유사성이, 현재 구조주의로부터, 표면적으로 처리하기 어려운 형태질서의 정밀한 표시를 위해 최근에 고안된 수학으로 이용되는 것은 매우 중요한 것을 의미한다.

7

8

9

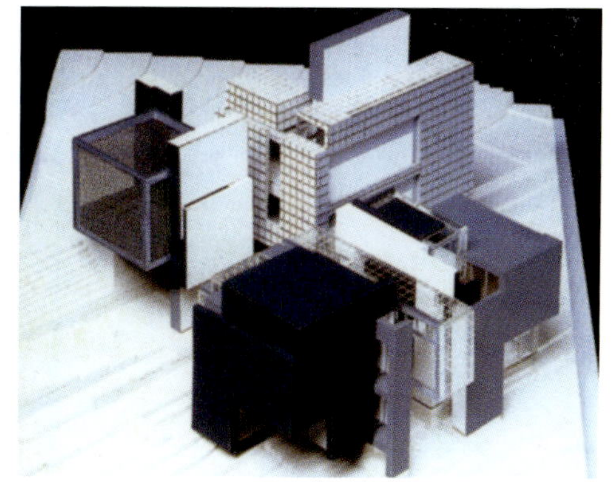

10

코이즈미 산쿄 오피스 빌딩

특정한 조형의 배후에는 편수학광(偏數學狂)을 거절하는 심미적이고 비상한 그래픽적인 의도가 존재한다.
〈롱비치 미술관〉의 설계 단계에서, 다채색과 약간의 부조가 다양하게 나타난 배치도(건물 : 분홍색, 지면 : 녹색, 수면: 황금색)는 지난 10년 간 나타난 괄목할만한 건축 도면의 실례이며, 이는 어떤 기준에 의해서 이루어진 것이다. 건축적인 언어로서 그것들이 궁극적으로 뜻하는 것을 말하기는 어렵다. 단지 시간만이 말할 수 있을 것이며, 이러한 독특하고 생생한 서정적인 접근은 동시에 강력한 건축 작품이 생겨날 수 있다는 것을 증명할 것이다. 이미 건설 된 오하이오 주립대의 〈시각 예술 센터〉와 〈베를린 집합주택〉에서 아이젠만은 과거와 현재의 허구적인 고고학을 이용했으며, 사실과 허구가 서로 상쇄하는 그리드들의 연결로 그것을 이루고 있다. 베를린에서 현재의 상태를 가장 잘 나타내는 메르카도 그리드(Mercator Grid)와 이미 존재하는 18c, 19c 시가지의 그리드, 그리고 이들 하부구조의 상호 침투를 모형으로 만들어주며 이 모형으로부터 건물의 평면이 생겨나고 건물의 집합체로 변화시켰다. 허구성이 다소 덜한 오하이오 주립대학 내에서 이를 적용해 보면 다음과 같다. 그 지역에서 지각할 수 있는 좌표와 전적으로 개념적인 지형학적인 선(예를 들어, 공항과 캠퍼스를 연결하는 불합리한 선)의 상호작용은 그 건물에 바탕을 둔 "lay-line"이 교차되는 꼴라지(collage)를 생겨나게 한다. 이와 동일하게 〈롱비치 미술관〉의 윤곽선도 중복되어 기록되었다. 여기에는 뉴포트-잉글우드(Newport-Inglewood)의 단층부분에 아메리카 그리드상에 재배치 된 하부구조가 중복되었다. 부지의 경계선은 부분적인 허구와 부분적인 현실의 지형이 교차되어 무한한 복잡성을 지니며, 크리스탈 상의 유기적 평면을 완성하였다. 아이젠만 작품에서, 지형학으로의 이동은 〈오하이오 주립대학〉이 헐린 이후에 병기고의 요새가 비슷하게 재건되었거나 혹은 〈롱비치 미술관〉의 부지에 구식의 정유관과 항구로의 문자상의 이축(移築)과 같은 "역사적"인 단편을 굳이 말하지 않아도 상징적인 설명이 수반되어 왔다.

이들 기념비적인 움직임은 묵시록적인 의미가 있다. 이는 이러한 교란의 요소가 아직 완성되지 않은 〈주택 제10호〉의 발표에 수반된 이론적인 문장에서 처음으로 나타났다. 이는 에드워드 알비(Edward Albee)의 연극 〈Tiny Alice〉에서 나타난 자상(自壤)의 주제에서 영향을 받은 것이며, 아이젠만은 가식적이고 형식적인 건물, 즉 실제주택을 축소화한 모형을 태우는 의식을 생각했다. 이러한 보상심리에서 아이젠만은 그들의 새로운 집을 모형으로 대신 폭파시킴으로써 일종의 심리적인 카타르시스에 빠지게 되는 고객들을 관찰했다. 이와 동일하게 묵시론적인 것이, 교토(京都) 에 있는 〈금각사〉의 불운의 불가해한 암시를 감지할 수 있다. 한편, 〈롱비치 미술관〉에서는 〈Golden Lake〉의 신비한 출현으로 설명했다. 즉, 그것의 강한 미적인 효과 이외에 사원의 모든 것을 암시하는 것처럼 보인다. 그러나, 그것은 1950년 알지 못할 방화로 신비적인 파경을 맞았

12

11   13

14

다. 유키오 미시마(Yukio Mishima)의 금욕주의에 의한 탐미주의의 파경—실제의 사건을 소설화하여 〈금각사〉라는 제목으로 출판했음—을 암시하는 것 보다 아이젠만의 묵시록적인 고착이 더욱 특색있는 것은 아니다. 실제로 방화는 도달하지 못할 미에 대한 강박관념을 가진 젊은 신참자에 의해 초래된 것임이 중요하다.

근거없는 심볼리즘은 무시하고, 우리들은 아이젠만의 등고선이 처음에는 엄밀히 상관적으로 대칭인데, 후에 변형되어 임의로 연결된 등고선으로 이동된 점에 유의해야한다. 이 등고선은 같은 현실이 경쟁적으로 반복될 때 발생한다는 사실에 의해서만 일치된다. 그러므로, 이점에 관해서는 상관적이기보다는 탈구축적이다. 상관성에서 탈구축성으로의 이동은 전쟁 이전의 아방가르드 예술의 구조주의자와 허무주의자의 날개를 연결시키기도 하고 분리시키기도 하는 역설적인 유사성과 대립성을 우리들에게 암시한다. 특히, 아이젠만의 예술적인 발전 이래로 오늘날은 K. 말레비치(Kaiser Malevich)의 (상관적) 〈적과 흑의 정방형〉(1915년)의 객관적인 형태의 관심과 마르셀 듀 샹(Marcel Du champ)의 (탈구축적)〈Trois Stoppage Etalon〉(1914년)이 더욱 더 파괴적이고 비유적인 선입관 사이에 놓여있는 것처럼 보인다. 1986년에 캘리포니아 롱비치에 설계된 〈주립대학 박물관〉은 아이젠만의 반복적인 형태가 더욱 더 희미하게 나타났다. 그는 현 시대에 전반적으로 관련이 있는 디자인은 직교축상의 치환이라기보다는 더욱 더 유기적인 형태로 표현되는 새로운 지형학적인 입장을 채택했다. 이러한 의심스러운 상황의 반영에도 불구하고, 그것은 현대건축의 전 분야에 침투해 있다. 내가 기술했던 것처럼 절박한 묵시의 전조가 결코 아이젠만의 상상력을 제거할 수 없었으며 우리들은 그의 전체 경력에 있어 그가 본질적으로 심리적 평형상태에서 일종의 정화적 의도와 의식(儀式)을 위한 내적인 필연성에 의해 결정되었다고 주장한다. 한편, 우리들은 그의 저서에서 전위 예술가와 모더니스트들의 입장을 분명하게 지지해온 도덕적 강박관념을 발견 할 수 있으며, 또한 한편으로는 일련의 신비 철학적인 투영을 엿볼 수 있다. 그것은 발작적인 재앙의 영속적인 상태를 해결하기 위해서 나타난 세상에서 우리 모두가 경험한 공포와 상실의 이해불능의 감정을 완화시킬 의도로 설계되었다.

아이젠만의 회피적인 역할은 과거, 현재, 미래의 상황을 다루기 위한 것이다. 비록 그 상황이 단순히 동일한 가공의 연속체내에서 교대로 일어나는 상황일지라도, 즉 마치 현재와 미래의 결과를 반박하는 일이 되어 실제로 나타나는 사실임에도 불구하고 우리 자신을 이것으로부터 분리시킬지도 모른다. 이와 같이, 아이젠만은 "폐허화"의 풍경을 제거할 수 있으며, 이것으로 우리는 계몽기에 믿어왔던 유토피아가 아닌, 파경을 맞은 일상의 현실을 아무 일 없이 중성화하였다. 후자에서, 전원과 도시의 계속적인 파멸은 절대적으로 기계의 발달에 의한 것이라고 나는 생각한다.

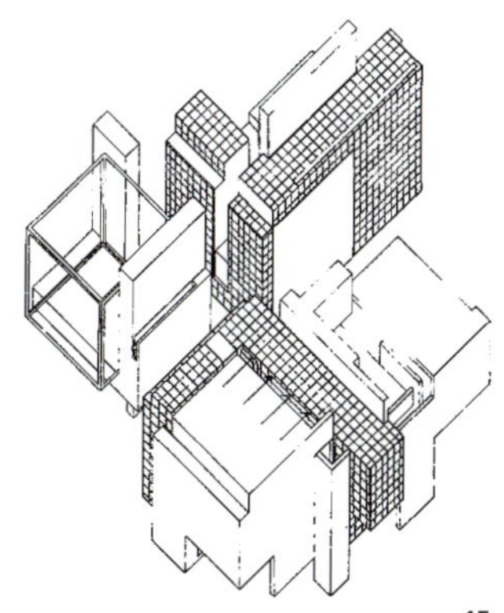

15

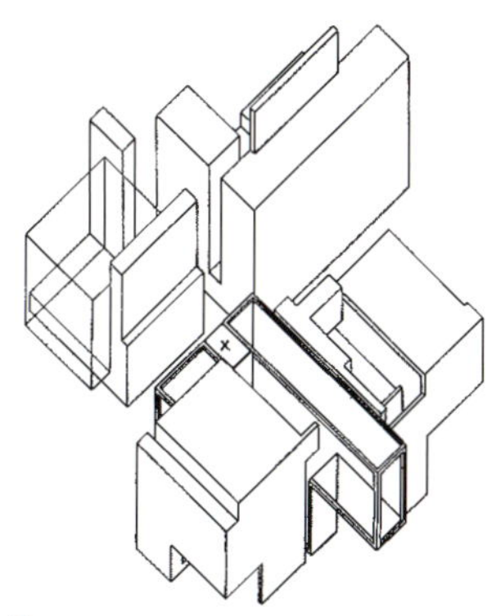

16

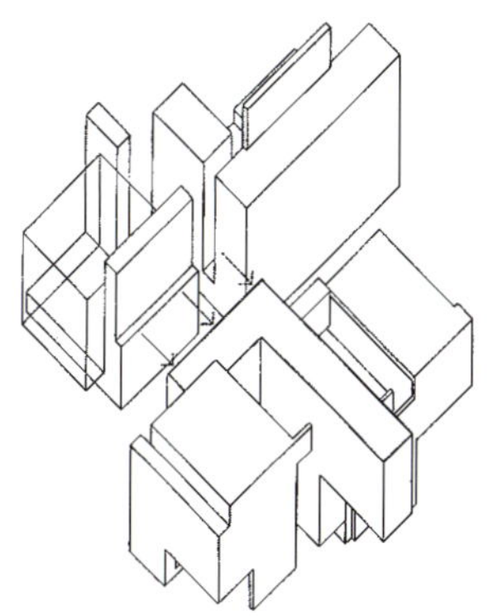

17

産業

비트라 화이어 스테이션
Vitra Fire Station

자하 하디드의 화이어 스테이션의 프로그램은 건물이 원하는 기능적 요구에 따라 각각 구멍이 나고 옆으로 찢겨지며 기울어진 이러한 벽들 사이로 공간들을 배치하는 것이라 할 수 있다. 이 건물은 정면에서의 독해로 부터 폐쇄적이며, 단지 수직의 시점에서만 내부를 드러내 보이고 있다. 현재 이 건물은 소방서로 사용되는 것이 아니라, 비트라사(社)의 의자를 전시하는 전시장과 사무실, 그리고 관리실로 사용되고 있다.

대지는 전체적으로 비트라 가구회사의 공장부지 안에 속해 있으며, 전체 공장 사이트의 가장 끝 쪽 최단부에 위치하고 있다. 이 작품에서 자하 하디드의 관심은 광대한 공장부지 사이에서 정체성을 상실하지 않는 방식으로 전체 부지의 구조에 건축적 요소들을 위치시키는 것이었다. 하디드는 이 건물에 있어 공장 부지를 지나는 주요 도로에 아이덴티티와 리듬을 부여하고자 하였으며, 선형의 랜드스케이프 영역으로서, 마치 인접한 지역 농촌의 농지나 포도밭이 지닌 선형의 패턴을 인공적인 연장물로 반영하려는 의도로 사용하고 있다. 그 결과, 건물은 하나의 고립된 오브제로서보다는 랜드스케이프된 영역의 외부의 단부로서 개발되었고 발전하고 있다. 다시 말해, 건물이 공간을 점유하기보다는 공간을 명확히 하려는 것이라고 할 수 있는 것이다.

Zaha Hadid의 건축사고방식 – Zaha Hadid

Zaha Hadid

무작위 대 임의성(Randomness vs Arbitrariness)

무작위(randomness)

대부분의 사람들은 개념적으로 또는 시각적으로 무작위적인 것(randomness)와 임의적인 것(Arbitrariness) 사이에 분명한 차이점을 알지 못한다. 이것의 기본적인 차이점을 과학적으로 보여주기는 어렵다. 수학적 공식에 대입해도, 두 가지 사이에 구별의 원리는 추상화를 통해서 개념적 차이를 분석하는 능력임에도 불구하고, 그것은 더욱 모호해진다. 건축에 있어서 무작위란 순수한 수학적 질서와 사고의 시각적인 해석(translation)인데, 그것은 논리에 의해 이루어지며, 반면에 임의적인 것은 모든 다른 국면을 증명해 주는 중요한 개념적 논리-무작위는 순수한 형식주의(formalism)와 관련 있는 것은 아니다-를 갖지 않는다. 수학 방정식 같은 상징을 사용하는 것이 필요하다.-그러나 그것은 여전히 모호한 것이다. 그렇다면 우리는 지금 무엇을 말하고 있는가? 우리의 행동을 정당화하기 위해 노력하고 있었던 것은 아닌가. 그렇다.

임의적인 것 (Arbitrariness)

이것은 어렵다. 그것은 "설명(explanation)" 영역의 한계로 인해 항상 해석에 있어서 문제를 가지고 있기 때문이다. 그리고 그 작용하는 힘은 반드시 전통적인 지상의 법칙(earthly nature)은 아니다. 그것은 영적이거나 우주적이거나 종교적인 것이 아니다. 말레비치의 선언서(menifesto)나 논문의 의미를 이해한다는 것은 쉽다. 그리고 그의 논문의 장점은 그의 그림과 같지 않다는 것이다. 이것은 해석의 무능함과 관련 있다. 그래서 그는 작품을 이해시키기 위해 형이상학적이며 영적인 컨셉에 의지해야 한다. 즉, 친근한 언어로 갈아입는 것이다. 임의적인 것은 발생(generation)과 관련이 있는데 그것은 '생각을 위한 쇼핑'으로부터, 나타난 것이다. 카탈로그는 그들이 자유롭게 어떤 것을 카피하고 그것을 어떤 상황에도 맞는 타당성을 가지고 적용하는 것에서 나온다. 그러나 건축에 있어서 우리의 책임은 너무나도 커서 땅의 일부를 차지하는 건축의 새로운 역동성을 창조해야 한다. 우리는 기본적인 해방의 원리를 이해해야 하는 것이다.

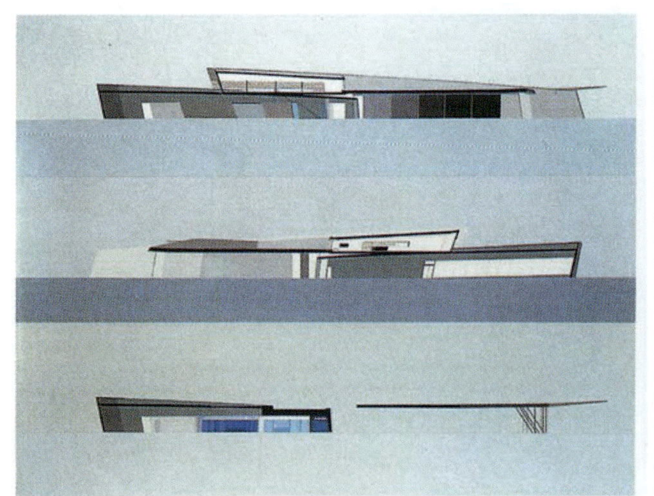

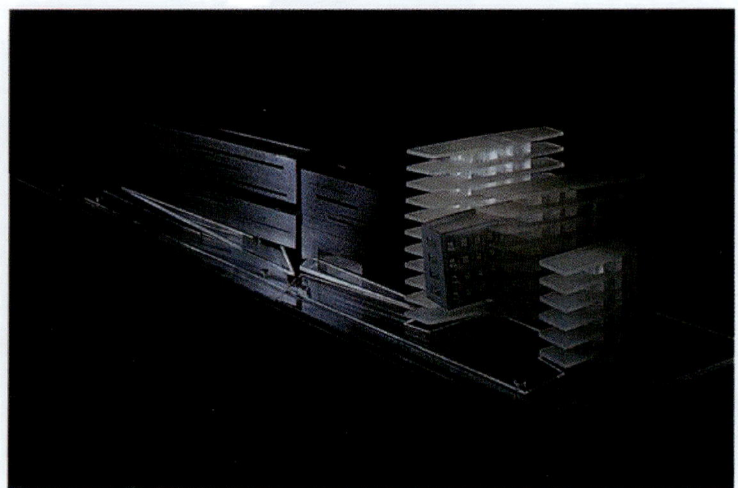

89도(The Eighty-Nine Degrees)

20세기의 기술의 승리와 점점 더 빠르고 계속해서 변하는 라이프 스타일은 완전히 새로운 조건을 만들었다. 이러한 변화들은 어려움에도 불구하고 건축에 어울리는 어떤 흥분을 가지고 있다. 수정(revision)과 상상력과 해석과 창의력에 대한 절대적인 필요성은 건축에서 우리의 역할을 좀더 정당하게 만드는 것이다. 만약 우리가 케익 장식가로서 일한다면 더 이상 건축가로서 우리의 의무를 다할 수 없다. 우리의 역할은 그 보다 훨씬 위대한 것이다. 우리 건축 작가들은 모더니티에 대해 다시 연구해야 할 의무가 있다. 미래를 내다보면, 여전히 범죄자처럼 보여지는 곳의 완전히 적대적인 분위기로부터 하나 이상의 확고한 의지를 만들어야 함을 알 수 있는데, 그것은 초기 모더니스트들의 실험에 의해 만들어진 길을 따라 앞으로 나아가야 하는 한 가지 길만이 있다는 것이다. 그들의 노력은 무산되었으며 그들의 프로젝트는 검증 받지 않았다. 우리의 임무는 그들을 다시 일으켜 세우는 것뿐 아니라, 더 깊이 발전시키는 것이다. 건축의 적절한 역할을 채우려는 과업은 미학적으로 뿐 아니라 프로그램적으로도 새로운 영역을 보여줄 것이다. 모든 프로젝트에서, 침범되는 새로운 영역들이 있으며 정복되는 다른 것들이 있다. 그리고 이것은 단지 시작일 뿐이다.

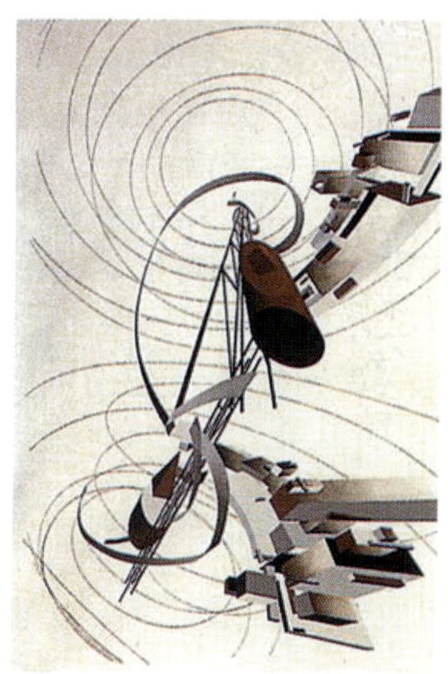

3

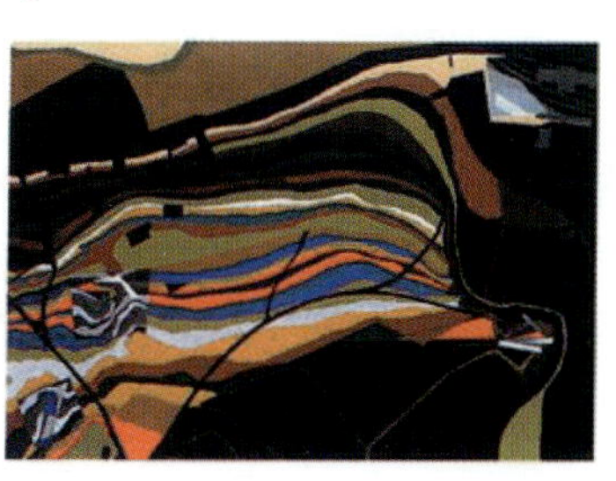

4

5

6

7

Zaha Hadid의 비트라 소방서 디자인 특성

디자인 개요 및 건축 개념

이 프로젝트의 발단은, 바일 암 라인에 있는 비트라 공장 복합 시설의 북동쪽 구역에 위치하는 소방서 건설이 계획되면서 시작된 것이다. 이 건물은 초기 계획에서 확장되어 경계의 외벽과 자전거 두는 곳, 그리고 소방대원들을 위한 운동 설비를 포함한 건물이 되었다.

우선 나는 공장 부지 전체를 철저히 연구하는 것으로부터 설계에 착수했다. 이는 거대한 공장 군(群) 안에 매몰되지 않는 방법으로, 위탁된 각 요소를 배치하는 의도였다. 또한, 공장 군을 가로지르는 메인 스트리트에 아이덴티티와 리듬감을 부여하면서 건축적 요소를 사용하여 부지 전체를 구성했다. 입구 쪽의 비트라 가구 박물관으로부터 성장하는 그 반대쪽의 현재 소방서가 있는 공장용 부지에 이르는 이 메인 스트리트는 인접하는 농장과 포도밭의 직선 패턴을 인공적으로 연장한 듯한 직선적인 영역이 상정되어 있었다. 이것은 소방서 건축에 있어 특별한 의미가 있었다. 건축을 고립된 건물로서 설계하는 것이 아니라 랜드스케이프 된 영역의 외주부로서, 공간을 점령하는 것이 아니라 공간의 경계를 나타내는 목적으로 건축되었기 때문에다. 이 목적은 설계 계획을 확장하여, 도로를 따라 폭이 좁고 세장한 건물로 처리함으로써 달성되었다.

원래의 도로가 갑자기 방향을 선회하는 장소에 이 건물은 위치하고 있다. 이러한 방향 전환은 소방서 건물 자체에 반영되고 있다. 소방서는 도로의 방향을 향한 각도로 돌진하며, 도중에 건물 자체가 구부러져 도로가 방향전환 하는 것을 유발하는 모습으로 처리되어 있다. 이 영역에 있는 2개의 중요한 조직의 기하학적 도형

8

9

의 교차에 의해 획득된 건물의 기하학, 주위를 둘러싸는 농장과 공장 복합체의 방향으로 성장하는 움직임은, 이제 한편의 직선적인 부지의 모서리로부터 미끄러져 가는 두 번째 방향의 움직임에 의해 단절된다. 이러한 움직임 자체는 바일 암 라인의 넓은 선형 대지의 영향이다. 이 방향의 부조화—이전에는 직각의 방향 전환이나 계단에 의해 부지의 직선적인 시스템 안으로 흡수되고 있던—가 지금은 소방서의 건물에 반영되고 있는 것이다. 소방서는 공장 부지의 가장자리를 형성하면서, 비트라 공장 군(群)의 성격을 혼란시키고 있는 근린 건물에 대해 스크린 장치로서의 기능도 담당하고 있다. 공간의 경계를 나타내며 동시에 스크린 하는 기능이 건축상의 개념이며, 선형의 층위를 이루는 벽의 배열을 발전시키는 것이 출발점이었다. 소방서는 이 벽과 벽 사이의 공간에 실들을 배치하는 것으로 디자인 되고 있다. 벽은 기능상의 필요성에 따라 구멍을 내거나 경사를 주는 등의 처리를 하였다.

벽에 설치된 제일 큰 개구부는 소방차의 출입을 위해서 만들어져 있다. 그 출입의 움직임은 벽면과 주위 풍경의 직선적인 흐름을 횡단하고 있다. 벽의 일부인 문이 미끄러져 열리면, 저 너머에 큰 지붕 아래로 주차된 소방차가 나타난다. 그 벽과 벽의 사이에 2개의 직선적인 형태의 건물이 교차하며 각각이 디자인상 다른 요소와 관련되어 있다. 그 위에 있는 제3의 공간은 차고 공간을 가리고 있는 벽체의 연장에 의해 이루어져 있다. 건물은 정면에서는 밀폐되어 있는 것처럼 보이며, 수직의 시점에서만 내부를 밖으로 드러낸다.

소방서의 내부를 지나면, 붉은 큰 소방차가 보인다. 그러한 동선은 아스팔트에 각인되어 있다. 이와 유사하게 의식화된 소방원의 운동, 연속하는 움직임과 같은 움직임도 지면에 각인되어질 것이다. 그럼으로써 건물 전

10

11

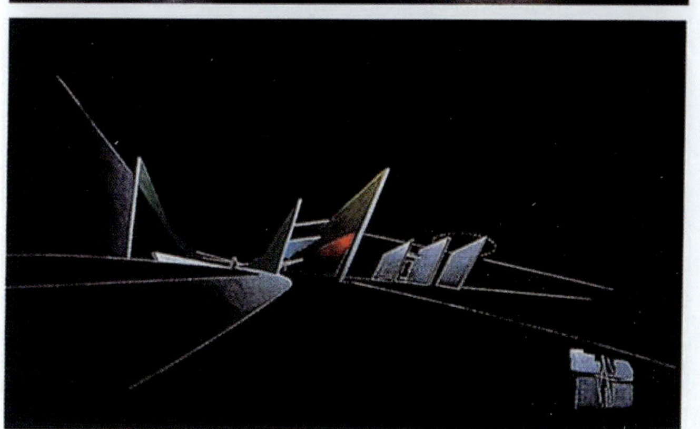

초기 스케치

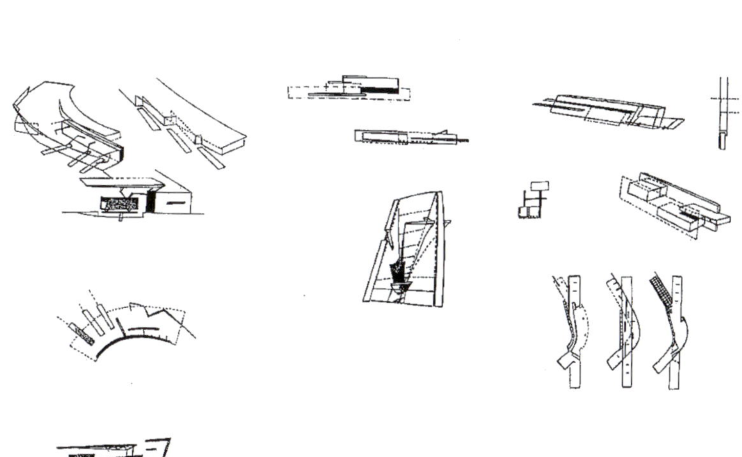

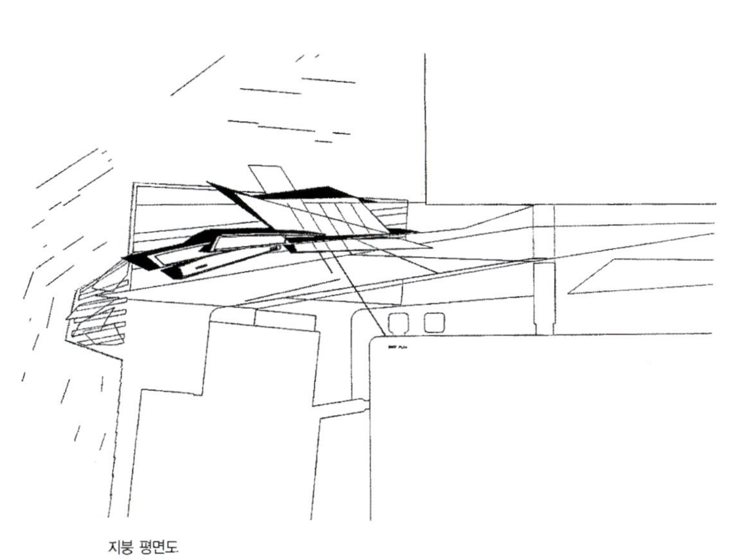

지붕 평면도

란실라 빌딩
Ransila 1 Building

란실라 1 빌딩은 루가노 시가지의 중심부 번화가의 교차점에 위치한 건축물로, 가로 모퉁이라는 대지의 특성을 받아들여 작품에 있어 모서리 부분을 강조하는 특성을 보여주고 있다. 이 건물 옆에 있는 기존의 건물과 조화를 이루면서, 대각선상에 있는 광장과의 관계를 강력히 표출하고 있는 것이다. 이 건물은 지상 7층으로 계획되었으며 "L"자형의 건물로 처리되어 모서리에 코어를 두고 모서리를 중심으로 대칭으로 구성되어 있다. 대부분의 대칭건물은 일자형 배치를 가지고 있으나 "L"형의 건물이 평면상으로 대칭적으로 내부계획이 이루어진 경우는 드물다. 즉, 코어에 공공의 공간을 수용하고 균형을 이루도록 되어있는 것이 특징인 것이다.

Mario Botta의 건축사고과정
: 기둥의 사용에 관하여 – Francesco Dal Co

Mario Botta

*"건축 구조의 어떤 부분을 감추는 것은 정통적 또는 보다 아름다운 건축의 장식을 상실하는 결과로 이어진다. 기
둥을 감추는 것은 잘못을 범하는 것이다. 장식으로 감추어진 기둥은 하나의 범죄 행위이다."*

마리오 보타의 건축은 오귀스트 페레의 위의 주장에 집착하고 있는 듯 하다. 그러나, 여기서 오해를 피하기
위해 다음 사항을 첨부해 둘 필요가 있다. 즉, 위의 인용이 우리들이 논의하고 있는 건축가의 조형과 오귀스
트 페레와 같은 위대한 프랑스 건축가의 작품에 의해 나타난 모델과의 사이에 무언가 관련이 있음을 시사하
려는 의도에서 이루어 진 것은 아니라는 점이다. 그러나, 15세 때에 루가노의 루이지 카메니쉬 사무소에서
제자로서 일한 1950년대 후반부터 시작되는 마리오 보타의 행적은 오귀스트 페레가 논리화한 언어와 동일한
의미로 건축 디자인을 할 수 있도록 그를 인도하게 된다. 즉, 1958년이래 새로운 세대의 티치노 건축가 중에
서도 특히 예민한 건축가 중 한 사람에 의해서 주재되는 설계사무소의 활발한 분위기에 그는 거부반응을 나
타내기 시작한다. 1950년대 중엽부터 이탈리아에서 발생한 것과 같은 방식으로 스위스 건축가, 특히 츄리히
연방공과대학의 졸업생을 중심으로 한 집단에게 프랭크 로이드 라이트의 작품과 사상은 그 격에 맞는 참조
대상을 제공하였으며, 그 후 10년 간 마리오 보타의 건축적 흐름의 단서가 되었다.

이탈리아에서 전후 곧 시작된 브루노 제비가 이끄는 유기주의건축(有機主義建築)을 촉진하는 듯한 작품은 스
위스의 티치노에서도 여러 방면에서 수확을 얻게 된다. 이탈리아와 국경을 접한 이 지역의 건축문화는 일면
에는 이탈리아, 특히 밀라노의 지적환경과의 관계를 추구하고 있으며, 그 수혜를 입고 있는 측면을 지니고 있
다. 이탈리아에서 받은 자극은 티치노의 토양 안에서 착실한 건축적 전통과 일체가 되어 뿌리를 내린다. 더욱
이 몬테 베리타 지방에서 아스코나에 이르기까지 모든 관심을 가지게 된 에밀 파렌칸프나 칼 바이데메이아
등 중앙 유럽의 저명한 건축들이 남겨놓은 행적과 비견(比肩)될 수 있게 되었다.

유기적 건축의 교시(敎示)는 고타르드 남부 지방의 정열적인 건축가들에 의해서 환영받았다. 라이트의 가르
침을 부활시킴으로써, 그 운동이 추구하는 것, 또는 그로부터 창출되는 것은 어떤 새로운 가능성을 쉽게 받아
들일 수 있는 것이었다. 즉, 그것은 스위스의 근본적인 건축이 종국을 맞이한 도식적인 작품에서 헤어나기 위
해 실마리를 발견할 수 있다는 가능성이었다. 또한, 새로운 "지역주의"가 두각을 나타내는 데 가장 적합한 국
가주의적 소망을 전국적인 규모의 비장한 문화논쟁을 통해 또 다시 반복하는 입장으로부터 도피할 수 있는
가능성이기도 했다. 같은 무렵, 이탈리아 건축가들이 시도한 실험적인 건축에 대한 열정적인 관심과 마찬가
지로, 티치노의 건축가에 있어서도 유기적인 건축의 모델은 근대적 스타일의 빈사 상태에서 빠져나올 수 있
도록 하는 새로운 매혹적인 변화에 넘쳐있었다. 그 대표적인 예가 1953년 벨린조나에 독립주택을 설계한 프
랭코 폰티와 베페 브리비오이다.

브리비오는 약 10년 후에는 〈프리노의 주택〉을 그리고 1955년부터 건설된 몇 개의 주택을 설계하였다. 〈루키니 저택〉(1958-1959년)이나 〈사루젠티 저택〉(1960-1963)을 설계한 루이지 스노치 등과 같은 건축가들은 전통을 재고하면서도 정성껏 유기적인 건축시학(建築詩學)의 우아하고 독창적인 해석을 만들어내었다. 칼로니와 카메니쉬가 로비오의 산 비릴리오 언덕 위에 마름모꼴이 특징적으로 측면에 가로놓인 〈스킵 플로어의 주택〉(1957년)을 설계할 당시, 그들의 자세도 동일하였다. 이 시기의 가장 흥미 있는 작품 중 하나인 〈프레가소나의 독립주택〉(1957년)에서는 유기적인 향기를 풍기는 디테일을 명확히 볼 수 있다.

칼로니는 이 주택에서 일종의 기하학적 분배를 시도하고 있지만, 그 평면이 지니는 간결함에는 당시 빈번히 실시되었던 평면의 해체작업과 비교해 볼 때, 이질적인 것이 있었다. 〈루가노 주립 도서관〉(1938-1940년)은 당시, 특히 주목을 받는 작품이기도 하다. 리노 타미라는 다작(多作)을 하는 건축가에 의해서 그 당시 건축된 작품(예컨대, 1957년의 호수에 면한 그의 주택)이 보여주듯이 신유기주의(新有機主義)의 시학(時學)에 착상을 얻은 그러한 해결방식은 건축가의 문화적 기대, 혹은 티치노에 작품을 만든다는 상황에 잘 대응하는 것이기도 하다. 타미가 시도하는 억양기법(抑揚技法), 폰티의 내향적 공간(內向的 空間), 브리비오의 개성적 공간, 알베르토 카멘친드나 안젤로 안디너가 50년대 말기에 채택한 기하학적인 조합이나 중합(重合)의 방법, 스노치와 칼로니가 추구하는 것. 이들의 특징은 다분히 굴절된 매너리즘적인 경향이 있지만, 건축가의 성실함과 정열을 불태웠던 활발한 톤이 충만한 파노라마를 형성하고 있다.

칼로니와 카메니쉬의 사무소에서 견습 기간을 보내는 중에 마리오 보타가 조숙하고 창의적인 재능을 보인 최초의 작업에는 이러한 지배적인 문화적 환경에서 받은 영향을 찾아볼 수 있다. 루가노의 아틀리에와 그 지방의 디자이너 양성학교에 다니는 동안 보타는 몇 개의 프로젝트를 만들어 내었고, 최초의 건축물을 실현하고 있었다. 당시의 불충분한 기록에도 불구하고 모르비오 스페리오레에 세워진 독립주택, 특히 제네스토레리오의 〈성 펠모 교회〉를 위한 프로젝트가 증명하듯이 17세의 나이로 이미 충분한 완성도를 나타내는 설계의 접근은 분명히 F.L. 라이트적인 경향이 농후하다.

모르비오의 주택 디자인이 본질적으로는 교과서적이며, 칼로니와 동일한 시기에 시도된 소박한 영향을 받은 것에 반해, 교회를 위해 만든 안(案)은 라이트의 작품을 분명히 참조하고 있으며, 재료의 사용법에 대해서도 훨씬 뛰어난 해법이 추구되고 있었다. 청년의 자발적인 호기심에서라기보다는 다른 건축가와의 교류에서 터득한 유기적인 영감은 그 후 의외로 급속히 소모되어 버린다.

2

3

4

란실라 빌딩

칼로니의 아틀리에에서 나온 보타는 그 후, 1961년에 또 다시 공부를 위해 밀라노 예술 고등학교의 3년 코스에 입학하였다. 이때, 이탈리아의 학교를 선택한 것은 그 후 중요한 결과를 가져오게 되었다. 보타는 스위스의 루가노 지방에서 받은 전통적인 교육에 대해 그때까지와는 다른 문화를 형성하는 길을 걷게 되었던 것이다.

보타가 밀라노에서 살고 있던 기간에, 그와 동일한 나이의 동료들과 다양한 친구관계를 통해 건축에 관해 여러 가지 새로운 경험을 쌓는 기회를 그는 잊을 수가 없었다. 제네스토레리오 교회에 부속된 새로운 교구관(敎區館)(1962~63년)의 설계를 보타가 하게 되었을 때, 이 젊은 친구에게 가장 합당한 조언을 하고 측면에서 지원한 사람은 티타 칼로니였다. 이 건축물이 우리들의 관심을 끄는 것은 그 볼륨의 형태보다는 오히려 그 재료선택의 적절함과 또는 광장에 면한 옛 교회와 인접하여 평면이 연속적으로 가장 적절하게 처리되어 있다는 점이다. 재료 선택에 있어서 주저 없이 깬 돌을 사용함으로써, 어떤 섬세한 단서가 발견되고, 더욱이 거기에서 중간적인 표층(表層)에 지형학적인 효과를 창출시키는 능력을 배양할 수 있었다. 이와 같이 초기의 작품에서도 조숙함을 분명히 볼 수 있는 작품은 자연적인 재료의 사용과 구성의 단순한 모듈에의 환원을 암시하면서 티치노의 지방적 전통에서 유래하는 구법적(構法的)인 해법(解法)을 우선적으로 재도입하고 있다는 것을 발견하게 된다. 그러한 선택을 하게된 보타의 배경에는 같은 시대 건축가의 작품예, 혹은 고타르드 남부지방에 형성된 지역사회의 옛 문화에 관한 역사가(歷史家) 비릴리오 지라드니에 의한 로마네스크 전통에 관한 정밀한 연구가 있었다.

6

제네스트레리오의 교구관(敎區館)에는 당시 티치노의 건축가가 시도한 신유기적(新有機的)인 건축의 실험을 상기시키는 해법(解法)이 충분히 인식된다. 그럼에도 불구하고 우리들을 놀라게 하는 것은 이 건축가의 나이를 고려할 때, 그 단정한 입면 디자인이나 입면 속에 만들어낸 보이드와 솔리드의 치수(dimenson) 효과에 의한 분절방법(分節方法) 상의 기교이다. 특히, 〈비안키 저택〉(제네스트레리오, 1962~1963)에서 이러한 최초 시공설계와 이후의 모습 사이의 의의를 재고해 볼 수 있다. 이 경우 교구관(敎區館)에서 만들어낸 공간적 배경과 비교해 볼 때, 전혀 다른 환경적 배경이 존중되었지만, 그 전면에 나타나는 것은 근원적인 볼륨으로 환원하는 기교에 의한 매우 단순한 건축이다.

여기서 흥미를 끄는 것은 특히 보타의 구성수법의 전개가 투영된 평면 디자인, 즉 능숙한 형태 또는 애매한 것을 배제한 후에 생기는 직선적인 형태에 따른 평면 디자인이다. 사실, 보타는 낮게 처리한 직선상(直線狀)

7

8

의 입체에 대하여, 분명히 조소적(彫塑的)으로 만들어진 단상(段狀)의 형태로 그 접합부를 특징지으면서, ㄴ형으로 분절화(分節化)된 평면 디자인을 만들어내고 있다. 이와 같은 방법으로, 수평방향의 연결요소에 균형잡힌 자립성은 평면의 최종적인 단순화의 순간에도 흐트러지지 않는다. 이리하여 그 이후에 이어지는 작품 중에서도 반복해서 확인될 수 있는 성격이 여기에 특징 지워지게 되는 것이다.

알려진 것보다 원숙한 그의 작품 중에서 확실히 그 단상형(段狀形)의 존재가 여하히 평면 디자인의 질서에 근거를 부여하고, 동시에 입면의 구성을 풍부하게 하는 요소로 활용되고 있는 것을 확인하는 것은 그다지 어렵지 않다. 예컨대, 그것을 잘 나타내고 있는 것이 현재의 보타 작품 중에서도 가장 유명한 스타비오의 〈메디치 저택〉(1980~82년)이다. 수법은 아직 애매하지만, 제네스트레리오의 교구관(敎區館)이나 비안키 저택도 모두 불만족스런 동기로 긴장감을 공유하고 있다. 그 불만이란 그보다 이전에 시행되어오던 실험에 대하여 티치노 지방의 건축가가 뜻을 이루지 못한 추억이며, 그것에 대해 변호의 여지가 없는 비평을 퍼부으려는 동기에서 기인하는 것이다.

9

10

란실라 빌딩

그리하여 새로운 문화적 구조를 제시하게 되는 것이다. 예컨대 〈카로나의 주택〉(1961~64년)등 몇 개의 작품을 만들어 낸 〈아틀리에 5〉의 브루탈리즘적 건축언어, 혹은 아돌프 슈네브리의 절충적 흐름에서 근대적인 경험이 또 다시 나타나게 된다. 스노찌가 설계한 벨린조나의 〈파브리치아 빌딩〉(1963~65년)의 예가 가리키듯이, 그 당시에는 스노찌나 칼로니 자신도 온화한 신 합리주의를 다시 부흥시키려고 시도했으며, 1960년대 초 티치노 지방의 건축적 전환을 나타내는 작품은 아울레리오 갈페티에 의한 〈로타리니 저택〉(1960~61년)이 있다. 이 작품이 지금까지 등한시 되어온 것은 놀라울 뿐이다. 이 작품은 르 꼬르뷔제의 건축 시학(詩學)에 깊이 기인한 것이며, 동일한 방향을 지향하여 국제적 수준으로 완성시킨 무수한 작품들 중에서도 가장 현저하게 시도된 작품 중 하나이다. .

갈페티가 설계한 제물 콘크리트에 의한 이 주택건축은 벨린조나의 산 미케레 섬으로 가는 길과 이어지는 사면(斜面)에 세워져 있다. 콘크리트나 도장된 철제 창틀에 이르기까지 재료 취급방식에는 어떤 친밀함도 찾아 볼 수 없다. 볼륨 속에 만들어진 벽의 구멍이나 거대한 구조의 로지아(loggia)와 같이 취급된 구조 프레임을 화사드에 그대로 노출시켰다. 전체에 걸쳐서 건축적 용어에 대한 지식이 피력되어 있으며, 온통 르 꼬르뷔제의 인용에 의한 일종의 카탈로그인 것이다. 또한 어프로치는 윗 층에 설치되어 있으며, 거기에서 서서히 내려가면 무수한 개구부로부터의 빛에 의해 여유있는 연속된 공간을 통과하게 된다. 이러한 구성은 그 후 마리오 보타가 자신의 작품 속에서도 가장 중요한 것 중 하나이며, 〈리바 산 비탈레 주택〉(1971~73년)의 디자인에 적용한 방식이다.

그러나 〈로타리니 저택〉에서 특징적인 어프로치는 횡단하는 데는 어려운 거리이다. 현실적 작품 중에서 그러한 경험을 균형 잡히게 표현하려고 추구한 사람들은 갈페티와 공동작업을 행한 플로라 루차트와 이바노 토르안피이다. 이 두 건축가의 작품에서 상기할 수 있는 것은 1970년의 벨린조나의 스포츠 오락시설이다.

13

11   12

보타가 〈스타비오 주택〉(1965~67년)을 건설한 당시, 그도 독자적으로 이들 건축가 대열에 서게 되지만, 그것은 어디까지나 형태를 만들어내는데 있어서 시공상의 이점 때문이었다. 르 꼬르뷔제의 건축 시학(詩學)에의 집착은 마리오 보타가 1964년부터 1969년에 걸쳐 공부했던 베네치아 건축대학에서 만들어낸 분위기에 기인한다. 그가 베네치아 건축대학에 다니던 시기는 그 대학에서 일어난 활발한 개혁의 시대와 일치하고 있다. 그 당시 신유기적(新有機的) 건축의 경험은 그들 사이에서도 이미 피폐된 것으로 생각되고 있었다. 그 주역들은 베네치아 건축대학 속에서 아카데미적인 정예부대를 구성하였으며, 이 대학 내부에서 펼쳐진 논쟁이나 연구 활동의 부동적 기반을 이루고 있었다. 이러한 상황은 1950년대 말기부터의 르 꼬르뷔제의 영향 때문이었다. 이와 같은 중대한 국면 속에서 당시 베네치아 건축대학에서 교편을 잡고 있던 쥬세페 마차리오르의 노력에 의해 베네치아의 새로운 병원계획을 파리의 연로한 거장들에게 위탁할 수 있도록 결정되었다. 보타는 당시 그 설계를 위해 조직된 베네치아의 아틀리에에 참가한다. 또한 그 후 쥴리안 드 라 펜트와 조제프 우브레리가 죽기 바로 직전에 남긴 작품의 설계를 계속하였고, 파리의 세부르가(街) 35번지, 지금은 전설적인 곳이 된 아틀리에로 옮겨 그곳에서도 많은 건축활동을 계속했다.

그 사이에 보타는 베네치아 건축대학(IUAV)에서 건축설계 코스에 진학하여, 1967년에는 이냐치오 갈데라가 지도하는 코스에서 훌륭한 프로젝트를 수행하였다. 그 후, 그는 졸업설계 지도교수로 카를로 스카르파를 선택하였다. 당시 수료기간이 종료되고 있는 동안, 그는 루이스 칸과 접촉할 기회를 찾았다. 그것은 루이스 칸의 베네치아 회의장 계획을 전시하기 위한 전람회(1969년) 설계에 참가하기 위해서였다.

루이스 칸이나 스카르파와 해후(邂逅)함으로써 마리오 보타의 내면에는 3각형의 인간형성이 완료되었다. 그러나 스카르파와의 관계는 반드시 단순한 것은 아니었다. 보타가 루이스 칸의 작품을 연구하는 과정에서 받은 감명을 스카르파의 작품이 모든 점에서 보충하고도 남음이 있었음이 분명하며, 이로소 스카르파와의 관계가 더욱 긴밀하게 되어갔다. 사실 칸과 스카르파라는 성격이 크게 다른 인물로부터 영향을 받은 보타는 이러한 영향을 하나로 결합하게 된다. 그리하여 보타의 학생시절이 끝날 때쯤 그가 알게 된 두 가지의 건축 시학적(詩學的) 세계를 형성하게 되는데 성공하게 되는 것이다.

14   15

피에트 하인 터널 빌딩
Piet Hein Tunnel Buildings. Bridge Master's Hous

Ben van Berkel & Caroline Boss에 의해 계획된 이 건물은 터널을 관리하는 설비나 시설을 수용하기 위한 건물로서 터널의 양쪽 입구에 위치하고 있다. 동쪽에 있는 시설은 전기 기계시설을 수용하고 있고, 서쪽의 시설은 관리인을 위한 시설로 구성되어 있는데, 주로 다리의 통행, 터널에서의 자동차의 흐름을 조작하는 기능을 갖는다. 건물형태는 기본적인 매스에 기울어진 스킨을 입힌 형식을 취하고 있어 하늘로 비상하는 이미지를 주고 있다. Van Berkel & Bos의 이러한 디자인 성향은 AA 스쿨 당시 영향에 의한 것으로 이러한 어긋나고 삐뚤어지고 경사진 형태는 전체적으로 떠오르는 이미지를 제공하고 있다. 야간에는 내부 조명을 이용해서 외부 스킨에서 비쳐 나오는 불빛을 통해 건물이 더욱 가볍고 부유하는 인상을 준다.

Ben van Berkel & Caroline Boss의 건축사고과정
: 죄에 빠져드는 몽상가들 – Ben van Berkel & Caroline Boss

하워드 로크(Howard Roark)가 스스로 "자신의 작품은 자신의 비젼대로 존재해 갈 수 없다"라고 폭로한 이래, 현대 건축가의 이미지는 범죄자의 이미지와 확고히 가까워졌다. 로크의 멜로 드라마적인 행위에 의하면, 건축가의 범죄성이란, 건축가가 원래 가지고 있던 아이디어를 완전하게 유지하려고 하지만 실제로는 건축가의 비젼 자체가 범죄라는 것이다. 건축에 관한 비젼은 모두 폭력의 파동, 연쇄 반응성의 말살을 암시하고 있다. 건축가 모두에게 범죄성은 잠재하고 있다. 르 꼬르뷔제에 의한 한 문화의 완전 말살에 가까운 알제리아의 대규모적인 계획적 파괴, 피에르 시야로의 인공적 공간의 즉물성에의 탐닉 등이 그것이다.

건축가가 지닌 비젼을 유물성의 측면에서 살펴보면, 건축가들은 식민지주의자가 지닌 모든 탐욕을 가지고 있는 것이 분명하다. 식민지주의자라는 은유는 우연한 것이 아니다. 미지의 미개한 장소로 여겨지는 곳에 속하지 않는, 그리고 건축에 속하지 않는 것을 강탈하기 위한 여행을 떠나는 것은 건축에 있어 특유한 것이다.
세계 지도에 이제 백지의 영역은 존재하지 않는다. 탐색된 적이 없거나 신비적이며 잘 알려지지 않은 지역은 이제 존재하지 않는다. 이미 가상현실을 통해 지리적으로 멀거나, 수수께끼에 쌓인 장소를 마음에 그리는 것 이상으로 간단히 이미지화 할 수 있게 되었다. 콘라드(Conrad)의 〈어둠 속(Heart of Darkness)〉에 그려진 막연한 공포는 미개의 땅에 속하는 것이다. 1세기 후인 오늘날, 그러한 공포는 서서히 사라져 가고, 옛날과 같이 무섭기는 하지만, 그 원인이 뚜렷한 바이러스(Virus)라는 형태로 천천히 침입하는 고뇌처럼 변화되어 가고 있다. 오늘날, 미지의 것에 대한 매혹과 공포는 과학적으로는 거의 진부한 것이다. 이미, 이국성(異國性)이나 다른 사람이 미지의 대륙으로부터 가져왔다거나 하는 것은 없어져 버렸다. 건축의 식민지를 지도 위에서 발견하는 일도 이제 존재하지 않는다.
건축의 비젼은, 일상생활의 위선을 그보다도 더욱 강제적이고 위험한, 그리고 잔학하게 약탈된 상상력을 위해서 방기(放棄)한다는 점에서 보면 식민지주의적이다. 식민지에서는 아무것도 희생하지 않고 무엇인가를 손에 넣을 수가 있다. 즉, 원래 있던 장소에서 유효하게 지켜질 수 없고, 나중에서야 겨우 완전히 별개의 화폐로 지불해야 할 가치로 표현된다는 것을 발견할 수 있다. 항상 그것은 한층 더 잘 설명될 수가 있다. 실제

Ben van Berkel

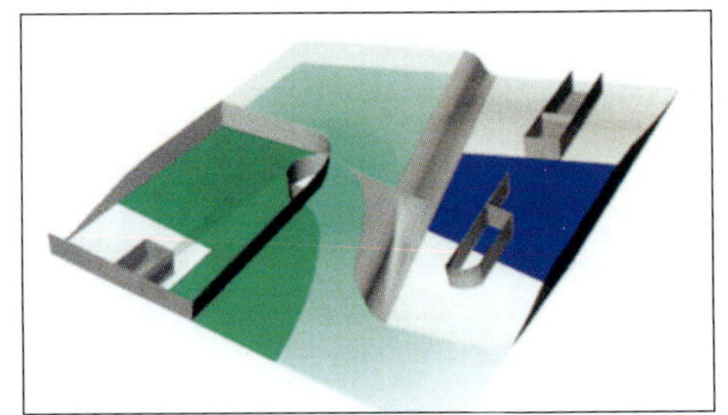

1

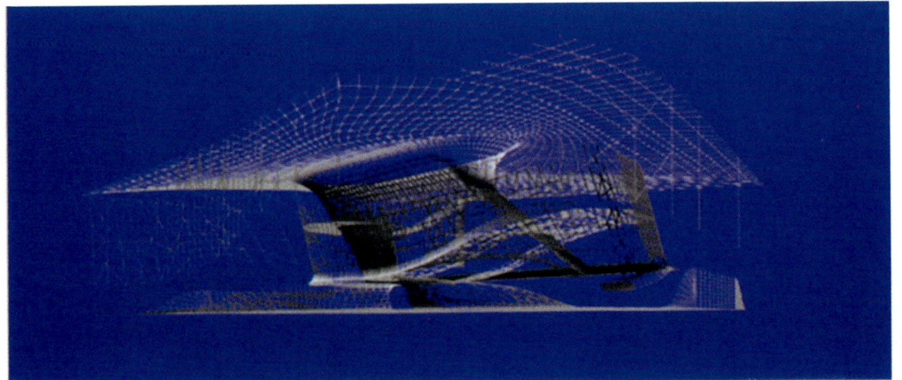

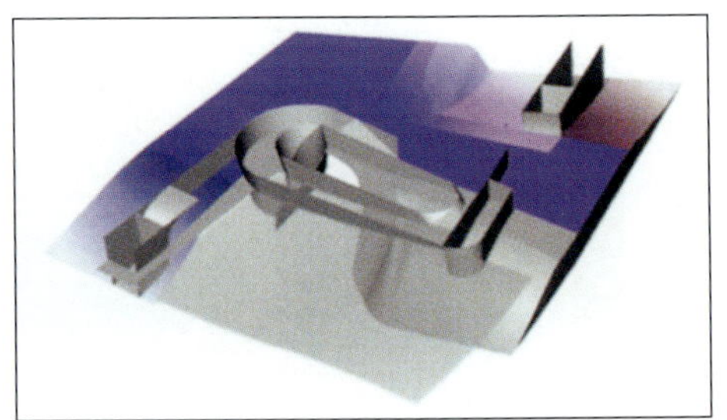

3   2

1 New Building of the Architectural Institute of Venice University/1층 모형
2 New Building of the Architectural Institute of Venice University/2층 모형
3 New Building of the Architectural Institute of Venice University/지붕, 코어 분석도면
4 New Building of the Architectural Institute of Venice University/3층 모형
5 New Building of the Architectural Institute of Venice University/4층 모형
6 New Building of the Architectural Institute of Venice University/외벽, 코어 분석도면

"발견이 있다"라고 생각하는 것 자체는 성과가 없는데도 건축은 아직껏 그 환상을 버릴 수가 없다.

건축이 밖의 세계에 대한 비젼을 갖지 않고 있을 수 있는가 라는 의문은 고찰할 가치가 있다. 예를 들어, 제 프리 키프니스(Jeffrey Kipnis)와 마크 린다(Mark Linder)는 건축에 관한 사고에는 순수한 이성은 없다고 주장하고 있고, 건축가가 자신의 프로젝트에 대해 설명하는 것을 들은 경험이 있는 사람은 누구라도 거기에 동의 할 것이다. 건축가의 해석 비슷한 이유의 설명은 어처구니없는 것이 많다. 차라리 자기 자신을 찍은 사진을 기초로 새로운 도시를 설계하는 편이 낫다. 왜냐하면, 건축의 수법으로서 인정되고 있는 시선이나 공간 관계 등 주관적인 수법도 그것과 같은 정도로 부조리적이기 때문이다. 어쨌든, 일단 건축 세계에서 받아들여진 가치가 논의되어지면 그것은 의사소통의 힘을 잃는다. 그리고 건축은 닫힌 게임이 되어 각각의 프로젝트는 자립되고 극히 개인적인 것이 된다.

사실 이러한 경향은 존재하지만, 일반적으로 말해서 이것은 바람직한 것은 아니다. 건축이 동시대성(同時代性)을 유지하기 위해서는 현대의 논설과 서로 영향을 줄 필요가 있는 것 같다. 최근 10년간, 건축가는 건축을 만들어 가는 원칙의 자의성(恣意性)만을 놀라울 정도로 분명하게 노출해 왔다. 비록 프로젝트가 각각 닫힌 게임의 특성을 나타내고 있어도, 조금이라도 현대의 논설과 접점(接點)을 가지려고 한다. 좀 더 정확하게 말하면, 닫힌 건축 게임의 테두리 안에도 논설의 여지만은 남겨지며, 그 뿐만 아니라 건축이 논설을 그 내부 안으로 넣으려고 한다.

그만큼 열심히 이론가가 되고 싶은, 근원적인 논의의 게임에 참가하고 싶다고 생각하고 있는 건축가가 거기에 간단하게 더해질 수가 없는 것은 짓궂은 일이다. 표면적으로는 게임에 참가하고 있는 것처럼 보여도, 건축이라고 하기에는 보잘 것 없는 단순한 직업이기 때문에, 실제로 건축가는 무언의 플레이어이다. 말이란 무엇인가, 사고란 무엇인가, 세계란 무엇인가 라는 옛날부터의 철학적인 물음에 답하는 것은 간단한 것이 아니다. 건축가는 그 정반대의 상황에 있다. 대답을 하는 것(건축을 만드는 것)은 간단하다. 그러나, 어려운 것은 유효한 물음을 짜내는 것이다. 실제, 건축의 대답이 의미하는 것은 무엇보다도 간명(簡明)하다.

그러나 건축마저도 그만큼 단순하지 않다. 오늘 다시 건축 이론을 전개하기 위해서는 실제로 도움이 되는 문제와 비평의 범위를 만들어, 그것을 완전하게 파악할 필요가 있다. 그렇지만, 이러한 징조는 그다지 찾아 볼 수 없다. 건축의 개별화에 의해 다른 많은 생각을 받아들일 수 있어, 각각의 의미 있는 접촉은 그다지 없는 것 같다. 건축가는 자신의 이데올로기를 변호하는 것에 우선 신경 쓰고 있는 것처럼 보인다. 심포지엄에 참가하는 것(자신이 직접, 혹은 지면에서, 사이버스페이스에 있어서, 팩스로, 혹은 위성 중계에 의해)은 오해와

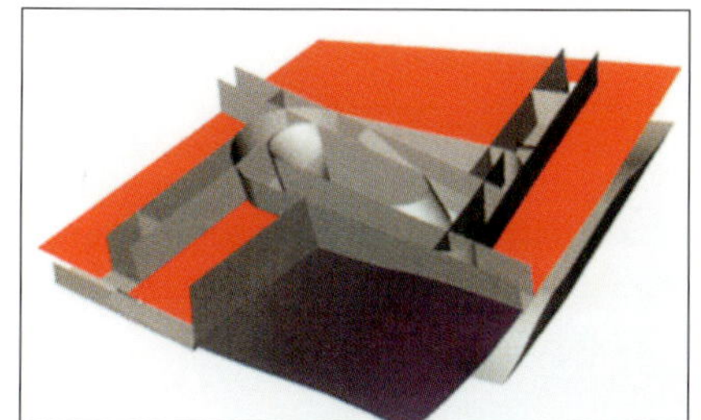

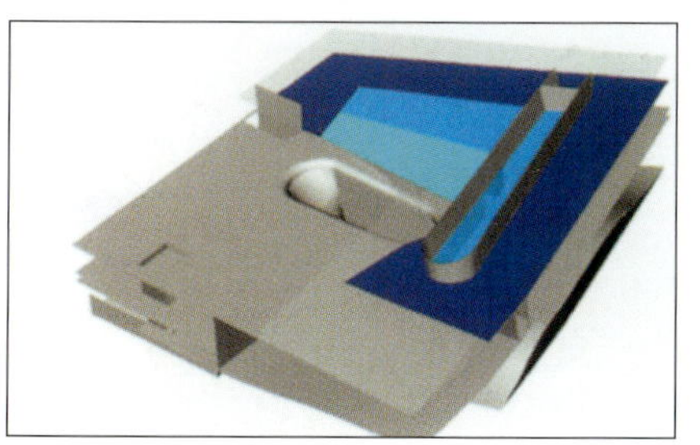

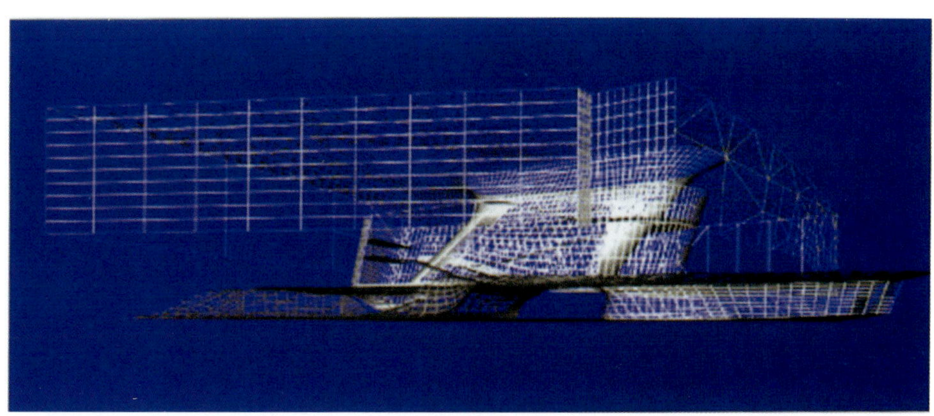

피에트 하인 터널 빌딩

모욕을 축적시킬 만큼의 위험한 비지니스가 되고 있다.

이 몹시 혼란한 상황은 "퍼스펙티발리즘(Perspectivalism)"의 생각을 확증하는 것이다. 오늘날 모든 건축에 관한 논쟁은 시각적인 방법에 의해서만 표현하는 것이 허락되어 버렸다. 머릿속의 로보트에게 조작된 카메라가 쉼 없이 잇달아 다른 대상물에 접근해 가지만, 공통의 목표 등에는 전혀 관심을 보이지 않는다(실제 그런 일은 생각에도 미치지 않는 것 같다). 이제 와서는 오히려 그리운 CIAM의 논의는 공통된 의견 아래에서 건축가를 통합하고 있었지만, 오늘날의 논의는 어느 쪽으로든 분열되고 있다. 일찍이 몽상가였던 건축가는 자신의 생각을 자신의 껍데기에 가두어 버림으로써, 오늘날 건축의 꿈은 고독한 비전이 되어 버렸다. 문자나 말로써의 논쟁으로 건축의 고립화가 진행되고 있을 뿐만 아니라, 최근에는 건축 자체가 고립화에 공헌하고 있다.

요른 웃쫀(J. Utzon)의 〈마요르카(Majorca)의 주택〉은 바뀐 모습을 하고 있지만, 이러한 주택은 이전에는 고립된 주택이라는 건축의 특별한 계보에 포함된 예외적인 건물이었다. 그런데, 오늘날 그 벗어난, 도피적인, 자기 완결적인 성격은 건축의 주류가 되고 있다. 이것은 오늘날의 문화의 독특한 상황에 대한 반동일까? 그렇지 않으면 건축 이론의 상황에 반응한 것일까? 건축 이론이 제안하는 테마에 대해 건축이 취하려 하는 방향을 어떻게 하면 설명할 수 있을까? 건축의 논설은 좀 더 근원적인 기호론이나 철학 논쟁에 질투의 눈을 던지고 있다. 세계는 다시 곤혹스러울 정도의 페이스로 가속되고 있다. 여러 분야의 경계가 나타나고 사라져 간다. 건축은 다만 냉정하고 쌀쌀한 태도를 취할 수밖에 없다. 어느 땐가 돌연, 건축은 주관적으로 고립된 비전을 제안할 수밖에 할 수 없게 되어 버렸던 것이다.

어떤 건축가도 이 현실에 무관심하게 있을 수 없다는 사실은 슬퍼해야 할 것이다. 만약 건축이 그 객관성을 잃고, 수많은 주관만을 남겼다고 한다면, 건축의 장래는 평범

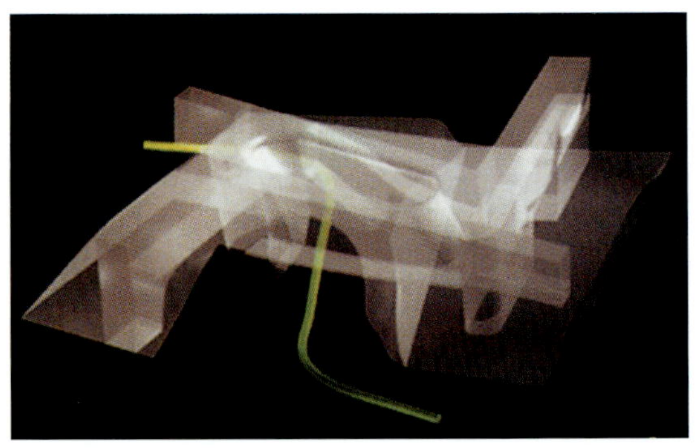

7

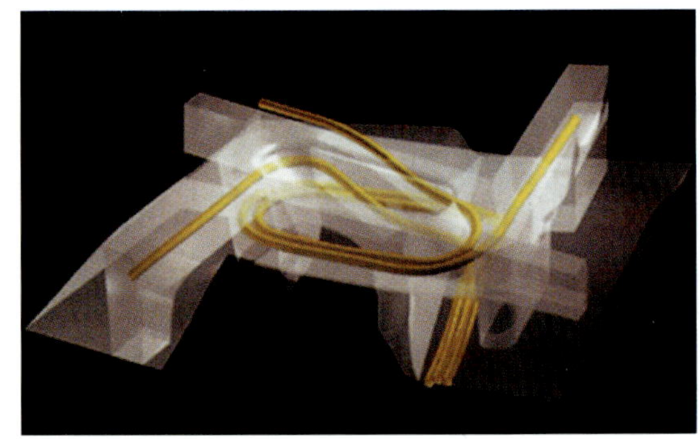

8

한 길 밖에 없다. 그것을 피하는 유일한 방법은, 식민지주의적인 비젼에 의해서만 제공될 듯 싶다. 즉, 타인의 우물 속의 물을 마심으로써, 돌연 공통의 말이 다시 사용되어 건축은 그 의의를 회복하는 것 같이 보인다. 그러나 이러한 비젼의 최종적인 희생자는 당연히 건축 그 자체이다. 이것은 착취해도 그것이 결국은 자기 자신으로 되돌아오는, 특별한 형태의 식민지주의이다. 마치 독을 가진 식물임을 분간하지 못하고 훔치는 것과 같은 것이다. 예를 들어, 컨셉이나 아이디어가 기호론 등 다른 분야로부터 도입된 건축의 예를 들어 보자. 우쭐거리면서 전리품을 가지고 돌아갔는데, 실은 그것이 자폭성이 있는 것일 수도 있다. 강력한 폭탄에 의해 내부로부터 폭파되어, 이미 건축은 건축 자체에 그 비젼을 투영 할 수 없게 되었다.

이러한 수법을 실천하고 있는 건축가의 비젼은 추측할 수밖에 없다. 타블 라사(Tabura rasa, 백지 상태)를 바라보는 것은, 르 꼬르뷔제가 생각한 도시 파괴보다도 더 극단적이다. 그들이 가장 바라고 있는 것은 완전히 새롭게 시작하는 것이었다. 건축은 어떤 문화유산보다 오랫동안 존재하는 것이 허락된다고 생각되고 있는 것인가. 아니면 문화유산은 인류와 함께 영원히 남겨지는 것인가. 건축의 부정이 건축을 해방하는 유일한 가능성이라고 생각하는 허무주의 건축가들의 영웅은, 역사상 최고(最古)의 건축가인 대달루스(Daedalus)였다. 그는 자신의 날개를 사용해 겨우 자신이 만든 지독한 미궁으로부터 도피할 수가 있었다. 이 15년 간, 대달루스와 미궁이 건축적 아방가르드의 초상화였다. 완전히 새로운 곳으로부터 시작하고 싶다는 이기적인 소망은 구체적인 건축의 이미지를 낳은 적이 없었다. 결국 그들의 비젼은 파괴 이상의 것은 아니었다.

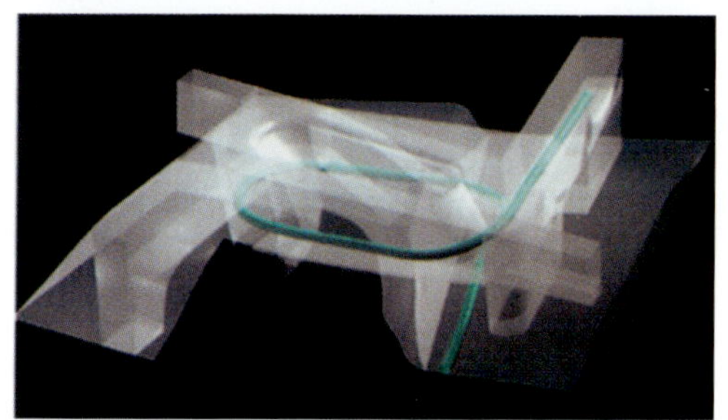

건축에 관한 비젼이 파괴적이라고 정의되지 않았던 일이 일찍이 있었을까? 인간 운명의 이원성을 나타내는 가장 중요한 신화이자 우화인 바벨탑의 이야기도 건축과 관계가 있는 이야기이다. 이것은 인간의 큰 야망의 베이소스(bathos, 急落)를 게시한다. 탑은 "철학을 상징한다. 왜냐하면 철학은 모든 것을 철학에 의해 설명하도록 요구하고 있기 때문에"가 아니며, "탈구조를 상징하는"것도 아니고, 실제는 그 이상을 의미하고 있다. 다른 세계로부터 격리된 인간이 자신이 소유한 유일한 이 세상으로부터 어떻게든 도망치려고 이 세상에 있는 것을 사용해 자신의 도피로를 건설하려고 했던 것이 바벨탑이었다.

건축은 인간이 상상할 수 있는 가장 강력한 행위이며, 인간은 더 이상 위대한 것을 실현할 수가 없다. 이러한 인식이, 왜 건축가가 존경하는 바벨탑이 현대에 있어도 램 쿨하스(Zeebrugge Terminal, 1988년)나 다니엘

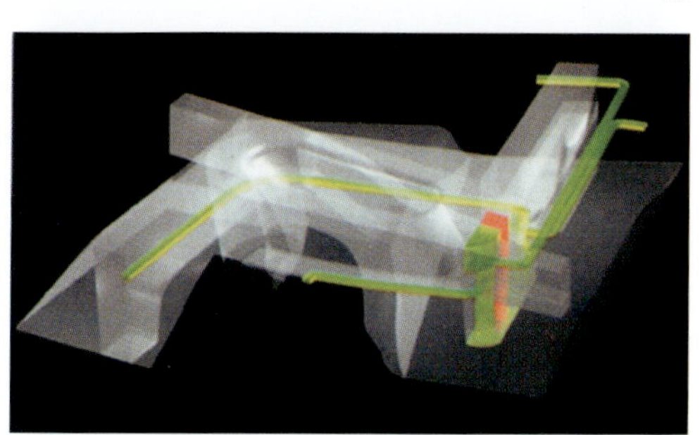

피에트 하인 터널 빌딩

리베스킨드(포츠담 플라자, 1991년) 등의 건축가에게 있어 중요한 의미를 가지는지를 설명한다. 그러나 어떤 의미로는, 아직껏 바벨탑의 일화로부터 멀어지지 않은 것은 건축가 정도만 남았을 뿐이다. 건축이 지상으로 부터 도피하는 유일한 방법이었던 것은 훨씬 옛 일로, 지금은 그것마저도 다른 직업에 추월 당하고 말았다. 천문학이나 우주여행, 혹은 박물학의 기구조차도 이런 점에서는 건축보다 유효한 방법이 되고 있다. 건축가 가 아닌 사람들에게 있어서는 원시적이고 낡은 우화로 밖에 보이지 않는 바벨탑 이야기가 건축가에게 있어 서는 건축이 갖는 힘의 극히 중요한 지표인 것이다. 게다가 그들은 이야기를 왜곡하여 이 우화에 현대성을 갖게 하려 하고 있다.

절망의 연못으로부터 기어오르려고 하는 얼마간의 매스(덩어리)의 이야기가, 현재 몇 개의 중요한 도시에서 보여지는 20세기말의 다각적인 문화적 현실의 이야기로 어느새 바꾸어 지고 있다. 이것은 지나치게 꾸며낸 것으로, 인간의 비극적인 고독의 인과(因果)는 여기서 단순하고 무의미하게 역전되고 있는 것이다.
이러한 일은 건축이 새로운 비전을 제시할 때마다 일어나고 있다. 현재의 도시 및 장소성의 파괴(어떤 장소 에 특유한 것이 없어지고 있는 현상)에 관한 논설에 대해서도 동일한 말을 할 수 있다. 이전부터 도시에 있어 서의 비물질화는 자주 이야기되고 있는 것이었지만, 오늘날 그것은 건축의 테마가 되려 하고 있다. 그러나 이 러한 생각에는 애매함이 존재한다. 비물질화나 소실(消失)이라는 주제는 건축에 있어 너무 안이하며, 평이한 것이 되어 왔다. 그 결과, 이러한 문제를 정의할 수 없게 되고 있다. 이러한 현상을 컨셉으로, 친밀한 전략으 로 만드는 건축가는 그러한 현상을 실제로 친밀한 것으로 만들어 버린다. 건축과는 구별되어야 할 주제로부 터 건축을 만든다고 했기 때문에, 그러한 주제는 본래 바람직한 의의가 주어질 기회를 잃어 버렸던 것이다.

철없는 식민지주의적인 건축의 비전에는 여러 면에서 이의를 제기할 여지가 있다. 그것만이 아니다. 건축은 굼뱅이 예술이라고 이야기되고 있고, 그것은 빗나간 화살은 아니다. 모두가 급속히 변화되고 있을 때, 건축은 비틀거리면서 뒤따라간다. 때때로 건축가는 알베르티(L. B. Alberti)를 실제로 알고 있는 것처럼 느끼는 일이 있다. 그것은 마치 세인트 폴(St. Paul) 사원이 지어지기 전의 런던이나 미켈란젤로 이전의 캄피톨리오를 생 각해 낼 수가 있는 것과 같다. 그 400년 후인 오늘날에도 그것들은 매우 신선하고 새롭다. 그 반대로 18개월 전에 완성한 건물은 400년 전의 건물과 비교해볼 때 옛 것과 크게 다르지 않게 보인다.
인공 환경의 어떠한 물질적 현실에도 지체 효과가 있다. 건축은 그렇게 간단하게 세상의 변화에 적응할 수 없다. 건축은 극도로 노동 집약적인, 돌, 콘크리트, 나무, 시멘트, 유리가 혼합된 것이며, 그리고 무엇보다도 무거운 것이다.

건축은 오늘날의 가벼운 세계에 그렇게 간단하게는 적응할 수 없다. 윌리엄 블레이크(William Blake)가 서술 하고 있듯이, 바람의 움직임 이외의 다른 하중은 "조용해서 눈에 보이지 않는다."
물론, 오늘날 엄청나게 변화된 상황이 이 세상을 둘러싸고 있는지를 그는 예측할 수가 없었다고 생각하지만, 그것과 마찬가지로 우리가 예측할 수 없는 건축도 이 세상에 적응할 수 없다. 돌연 희미하게 나타나는 불안 정한 공간을 가진 건축은, 홀로그래픽적인 영상으로서라면 건축가의 컨셉의 완벽한 리플리카(replica)로서 "실현"될 수가 있을지도 모른다. 그러나 아직껏 건축을 지배하고 있는 것은 토마스 만(Thomas Mann)이 말 하는 "멜랑꼴리(melancholy)로서의 물질적, 사실적인 19세기의 과학"인 것이다. 이러한 이유로부터, 가장 신

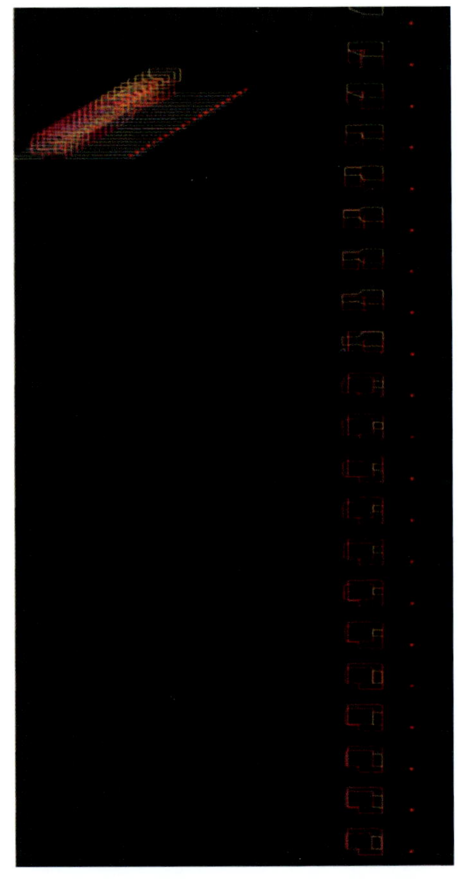

14

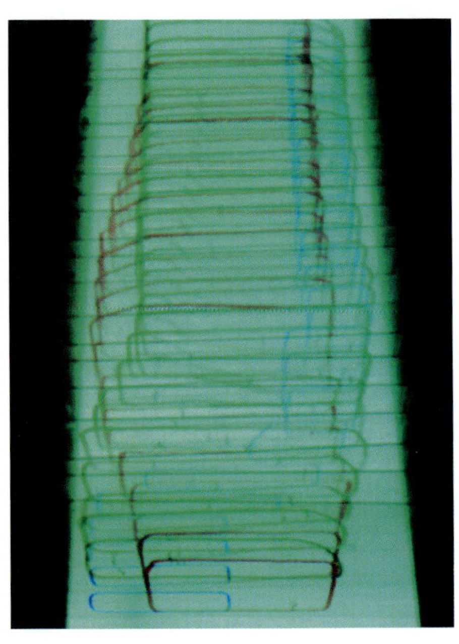

15

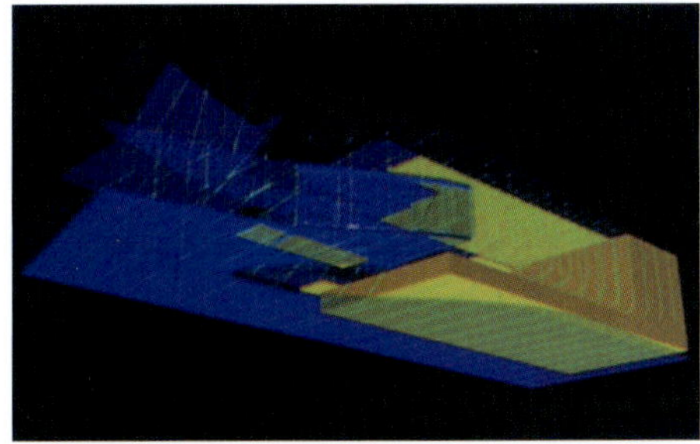

17

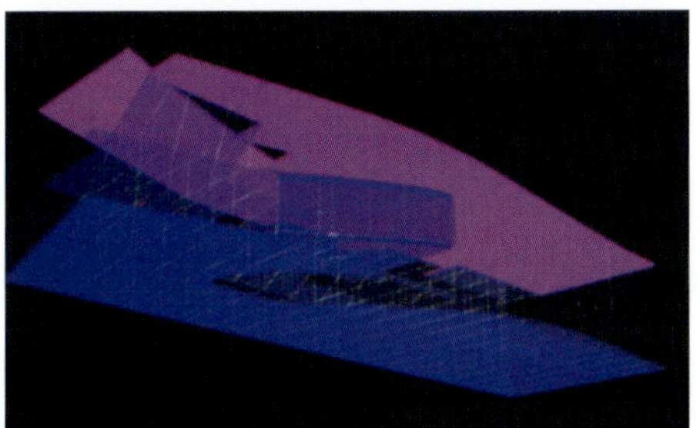

18

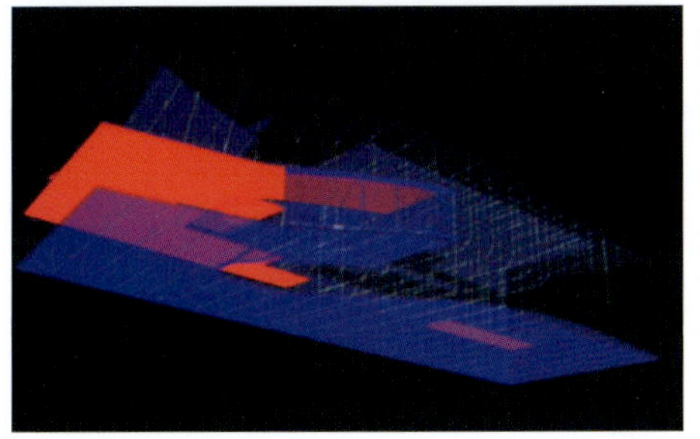

20

랄한 건축이란 이러한 현실을 인식하고 두려워하는 일 없이 직면하는 건축을 말하는 것일 것이다. 요른 웃죤 (J. Utzon)의 〈마요르카 주택〉에서, 유리의 플레이트가 그대로 부드러운 돌에 병치되고, 바다로 향해 작은 방이 각각 고립하고 있듯이, 거기에는 고통스런 물질주의가 상징되고 있다.

그러나 건축의 비전이 여기서 종말을 이루는 것은 아니므로 우리의 논의에 결론을 이끌 수는 없다. 건축이라는 것은 어떤 의미로 리처드 로티(R. Rorty)의 프로스트(Proust)의 해석과 유사한 점이 있다. 그것은 권력의 정복이며, 시간의 초상이다. 시간이 지나감에 따라, 새로운 인물이나 새로운 테마가 나타난다. 절대적인 진실이 발견된 것은 없다. 궁극적으로는 사물의 견해를 바꿀 수밖에 없는 것이다. 이것은 항상 변화에 노출되는 물리적 현실이, 추상적인 사고가 속하는 환상적인 절대주의에 우선한다는 것을 의미한다. 그리고 이것을 받아들이는 것은 건축 이론의 종말, 즉 식민지주의의 종말을 받아들이는 것이다.

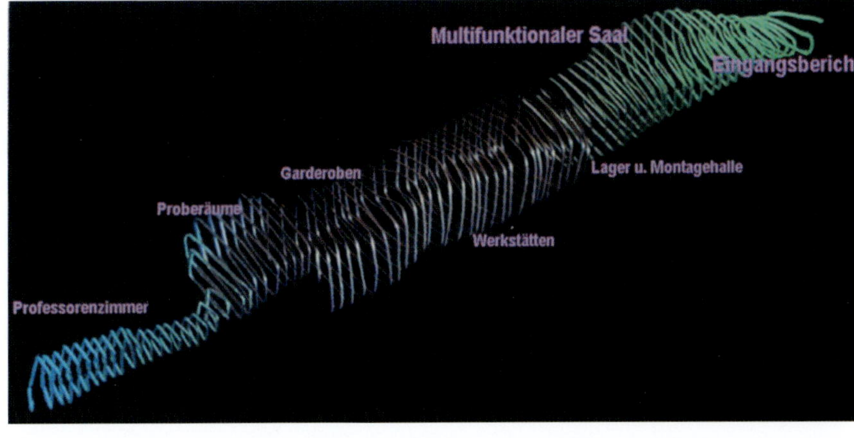

19

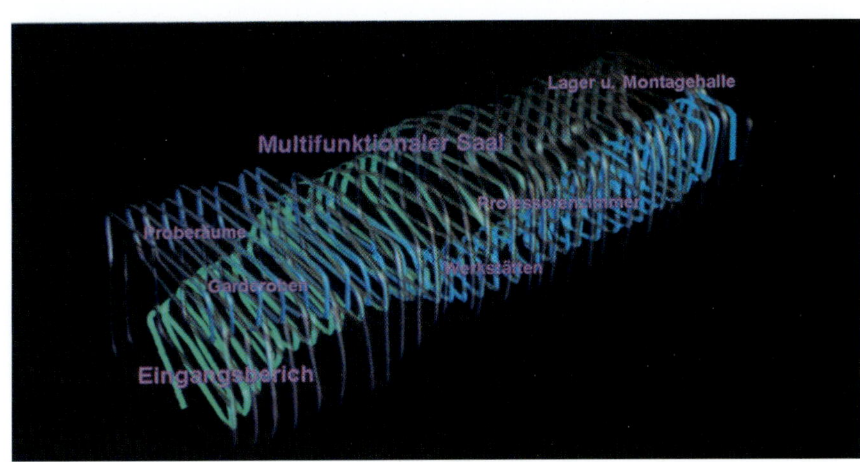

20

Piet Hein Tunnel Buildings. Bridge Maste

Between Eastern Docks and Zeeburg, Amsterdam, The Netherlands, 199*

작품설명

| 디자인 컨셉 |

이 건물은 터널을 관리하는 시설로 이용되는 건물로서 터널의 양쪽 입구에 위치하고 있다. 건물형태는 기본적인 매스에 기울어진 스킨을 입힌 형식을 취하고 있어 하늘로 비상하는 이미지를 주고 있다. Van Berkel & Bos의 이러한 디자인 성향은 AA 스쿨 당시 영향에 의한 것으로, 이러한 어긋나고 삐뚤어지고 경사진 형태는 전체적으로 떠오르는 이미지를 제공하고 있다. 야간에는 내부 조명을 이용해서 외부 스킨에서 비춰 나오는 붉빛을 통해 건물이 더욱 가볍고 부유하는 인상을 준다.

| 프로그램 |

이 건물은 터널 관리를 위한 설비나 시설들을 수용하기 위한 것이다. 동쪽에 있는 시설은 전기 기계시설을 수용하고 있고, 서쪽의 시설은 관리인을 위한 시설로 구성되어 있다. 이 건물의 주 기능은 다리의 통행, 터널에서의 자동차의 흐름을 조작하는 기능을 갖고 있다

| 동선순환체계 |

이 건물은 일반인들이 접근하기에는 힘든 터널 양 입구의 상부에 위치하고 있다. 3층으로 구성된 관리인 동은 내부의 수직계단을 통해 각 층의 시설로 접근할 수 있다. 주 계단들은 매스에 막혀있지 않고 오픈된 공간에 단지 외부의 표피들로 둘러싸여 있기 때문에, 밖에서는 야간에 조명에 의해서만 인식되고 있다.

| 구조 시스템 |

이 건물의 기본 구조는 철근 콘크리트 구조이고, 이것에 외피를 감싸고 있는 형태이다. 외피는 펀칭 메탈을 사용하여 가벼운 이미지를 제공하고 야간에는 내부에서 빛이 새어나오도록 구성되어 있다.

| 주요 디테일 |

– 지붕: 외부에서 보면 솔리드한 매스에 지붕을 사선으로 열어 비상하는 이미지를 제공하고 있다.
– 외부 마감: 펀칭 메탈을 이용해서 솔리드한 구조체를 가볍게 처리하고 있다.

힐베르숨의 미디어 파크 내에 위치하고 이 건물의 원래 부지는 개발이 제한되어 있기 때문에 건물을 짓고 나서 원래의 자연환경과 유사하게 복원하는 것이 과제였다. MVRDV는 경사지에 건물을 설계하면서 경사지를 그대로 살려두고 건물을 최대한 지형에 맞추어 디자인하였고, 또한 건물옥상은 기존의 잔디를 그대로 복원해서 도로 측에서 볼 때는 건물의 존재를 흐트러뜨림으로써 이를 해결하였다. 경사지에 직사각형 매스가 삽입되어 있고 아래는 필로티로 띄워져 있는 형상을 취하고 있는데, 진입은 이곳을 통해 자연스럽게 진입하여 직선계단의 중층으로 진입이 이루어지고 이곳은 상부가 열려 있기 때문에 그늘진 공간에 밝은 빛을 제공하여 자연스럽게 동선을 유도하고 있다. 건물은 경사지에 직사각형 매스가 삽입되어 있고 아래는 필로티로 띄워져 있는 형상을 취하고 있는데, 진입은 이곳을 통해 자연스럽게 진입하여 직선계단의 중층으로 진입이 이루어지고 이곳은 상부가 열려 있기 때문에 그늘진 공간에 밝은 빛을 제공하여 자연스럽게 동선을 유도하고 있다.

MVRDV의 건축사고과정
: 새로운 구축과 그 현상

MVPDV

근대이후 도시 속의 복잡하고 대립된 현상들과 다양하게 급변하는 사회현상은 ―명확하게 규정되었다고 믿어지던 기능을 담아내던―근대적 공간들을 의심받게 하고, 불확실하고 예측불가능한 인간의 삶들은 건축가들을 당황하게 만들었다. 근대건축의 선형적 기하학의 '딱딱함'으로 제한된 공간은 현대 인간의 삶 속에서 한계를 드러낸 것이다. 그러나, 과학과 수학, 기타의 학문적 발전은―특히, "카오스(chaos)이론"과 "퍼지(fuzzy)이론"―현실세계를 새롭게 이해하는 계기를 만들어 주었고, 다양한 건축적 공간을 모색하는 데 이론적 근거를 제공해주었다.

퍼지이론은 애매한 경계 영역에 대한 생각에서 출발했다. 분류의 애매성과 모호함에 대한 수학이론(수학적 집합연산의 개념)으로 기존의 어떤 분류체계상 애매성이 발생하는 영역에 관심을 가지고 이들 영역을 집중적으로 연구하여 어떤 논리성이나 의미를 발견하려는 이론이다. 예를 들어 켜짐(on)과 꺼짐(off)의 사이를 무수히 등분하여 이를

1

2

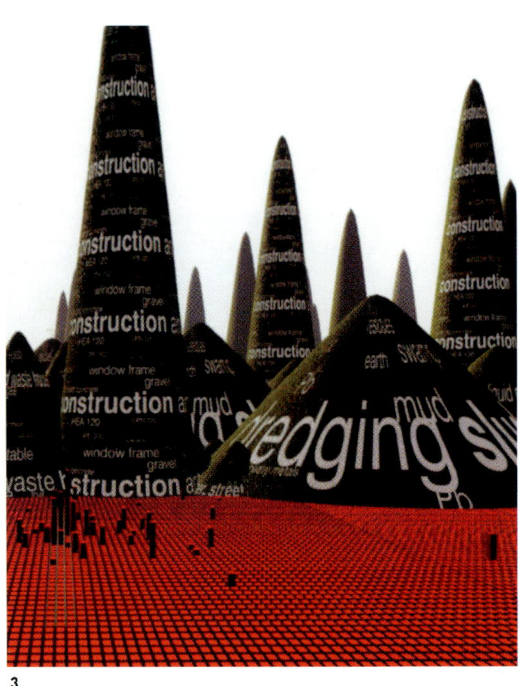

3

점진적으로 변화시킴으로써 경계의 이동을 자연스럽게 만들고 변화의 충격을 최소화시킬 수 있다는 것–"부드러운 경계 이동"–이다. 예를 들어 한줌에서 한 톨을 빼면 그것은 한 톨일 뿐이지만, 계속해서 한 톨씩 빼나가면 최종적으로는 한 톨도 남지 않는 상태가 된다. 그렇다면 과연 몇 톨을 빼내었을 때 비로소 한줌이 아니라고 말할 수 있는가에 대한 고민이다. 이렇게 분류가 애매한 경계영역에 대한 작업들은 그 동안 무관심의 영역에 속했던 사실들에 대하여 새로운 설명의 가능성을 제시하고 있다. 또한, 카오스 이론은 대기 기상에 대한 관심에서 출발한 것으로서, 복잡한 결과는 반드시 복잡한 원인에 의거한다는 과학자들의 통념을 깨고, 단순한 수학방정식으로 폭포수와 같은 격렬한 시스템을 빈틈없이 모형화할 수 있다는 이론이다. 여기서는 입력의 미세한 차이가 출력에서 엄청나게 큰 차이로 나타날 수 있다는 '초기조건에 민감한 의존성(sensitive dependence on initial conditions)'에 대한 내용들이 있다. 따라서. 이를 통하여 설명 불가능의 영역 속에 포함되어있던 자연의 불규칙한 패턴에 대한 연구와 무한히 복잡한 형상에 대한 탐구의 지적인 교차점으로 논의되는 프랙탈(fractal)–패턴 안의 패턴(pattern in pattern)이라는 회귀적인 형상에 대한 모든 축적을 관통하는 대칭성의 형태들–이란 자체유사성(self-similarity)에 대하여 설명이 가능하게 되었다.

새 로 운 구 축

카오스 이론에서 제기되는 문제의식을 디자인의 문제로 환원하여 생각하면, 복잡해보이는 디자인의 형태들을 단순한 기하형태의 반복과 섞어놓기로 만들어낼 수 있다고 단순 치환해 볼 수 있다. 이러한 시각에서 보면 현대건축의 혼돈이나 무질서라고 생각되어진 것들이 점차 폭넓은 조화나 질서의 개념들로 전환되어가고 있고, 또 근대건축에서 보여진 지나친 단순성을 극복하려는 태도로 읽혀진다. 카오스 이론에 대한 건축에 대한 적용은 많은 지적인 건축가들에 의해 다양한 방식으로 실험되고 있는 데, 특히 렘 콜하스는 그의 저서 '정신 착란의 뉴욕'에서 "대도시가 혼돈과 모순을 통해 오히려 동적인 흥미를 제공하고 있지만 현대 건축은 지나친 합리성과 단순화에 의해 도시의 활력을 잃게 만들고 있다."고 지적하면서 자신의 프로젝트는 컴퓨터에서 재생된 카오스, 프랙탈과 실제적으로 같은 의미를 갖고 있다고 설명하고 있다. 현대도시의 삶을 담아낼 새로운 건축적 인프라의 요구는 근대건축의 선형적 기하학의 '딱딱함'으로 제한된 기하학적 이해를 넘어 현대 도시의 비선형적 속성들까지도 포괄한 보다 폭 넓은 총체적인 접근 틀을 통한 새로운 기하학적 접근으로 이어지고 있다.

카오스이론의 비선형성–현대성을 특징짓는 수식어인 비선형적 현상 혹은 예측불가능이란, 물리학에서 기원

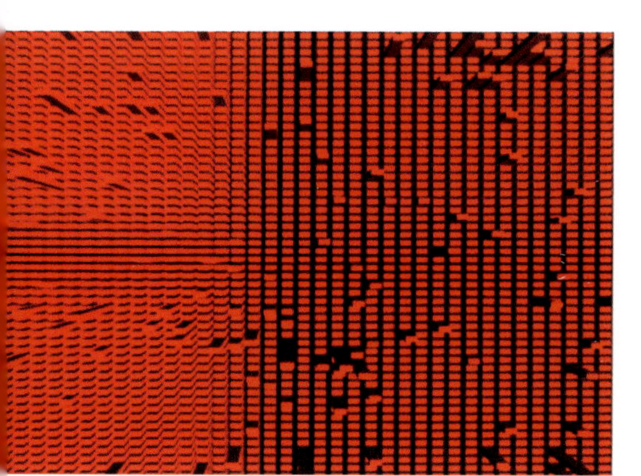

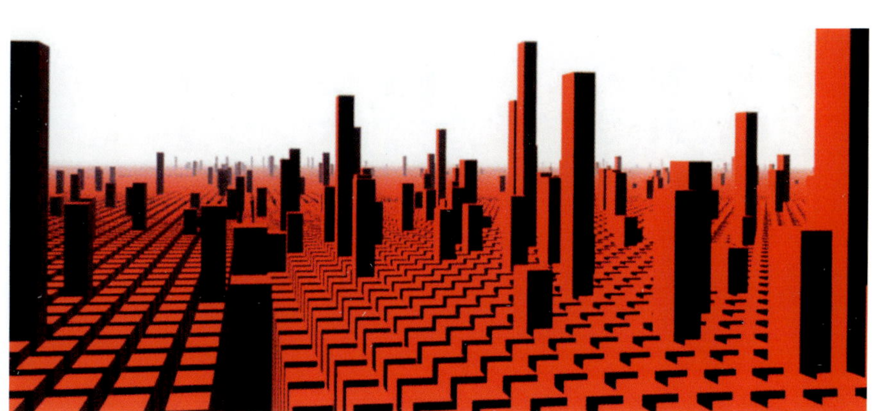

4 5

RVU 빌딩

한 용어로서 선형적 분석모델에 의하면 변화와 그 결과로서의 영향은 비례 관계인데 반하여, 비선형적 분석 시스템에 의하면 무시할 수 있을 것 같은 작은 혼란도 시스템전체의 역학을 변형시킬 수 있음을 의미한다. 따라서 시스템의 행동을 정확히 예측하는 것은 불가능하게 되는 것이다.—과 비유클리드 기하학의 건축에 대한 적용은 공간개념의 새로운 위상적 변화를 가져왔다. 이러한 비선형적 현상은 '부드러움' 이란 용어로 건축 에서 은유 되기도 하는데, 이것은 지형에 대한 도시적 관점에서 출발하여 건축 장치로서의 수직동선의 수평 적 확장에 대한 관심으로 이어진다. 이는 단면에 대한 건축적 가능성에 대한 탐구로서 건축공간을 구성하는 선형적 요소들인 벽/기둥(수직재)과 바닥/지붕(수평재)간의 위상적 변환으로 이루어진다. 건축에서의 단면은 기능적으로 수직동선과 관계를 맺고 있다.

기본적인 수직체계에 대한 구분에 따르면, 계단과 경사로 그리고 기계적인 순환체계인 엘리베이터와 에스컬 레이터가 있을 것이다. 기하학의 변환개념과 관련하여 이러한 딱딱한 구분은 변환개념의 폭이 유연해지면서 그 경계가 불분명하게 되어 수직성과 수평성이 공유되는 단계에 이르렀다는 점이다. 먼저, 꼬르뷔제가 사보 아 주택에서 사용한 건축적 산책로로서의 경사로는 수직 통로의 계단의 의미를 유연하게 확대함과 동시에 그 미학적인 아름다움까지 획득하고 있다. 그렇지만, 여전히 그 기능적 영역에는 수직성이 남아 있다고 볼 수 있다. 그러나, 최근의 렘 콜하스와 그의 동반자였던 MVRDV, 알레한드로 자에라 폴로, 벤 반 베켈 등의 작품 에서 나타나는 경사로에 대한 건축적 태도로 본다면, 경사로란 말 대신 기울어진 바닥면이라는 해석이 더 설 득력이 있을 것이다. 기능상 수직 동선으로서의 역할을 함과 동시에 바닥의 수평성 또한 공유하고 있다. 벽과 바닥의 위상적 전환을 통해, 벽과 바닥이라는 건축의 고전적 경계를 넘어서고 있다.

MVRDV가 1994년에 로테르담에 설계한 Department Store At The Meent의 계획안은, 지상레벨에서 시작된 경사판이 단면의 좌우 끝 부분에서 연속적으로 접히면서 결국에는 하늘로 사라지는 비교적 단순한 모습이지만, 하 나의 판이 수직과 수평성을 흡수하면서 바닥, 벽, 천장(바닥), 벽으로 연속적 변환을 이루며 구축되어 있다. 이 계 획은 Department Store가 가진 프로그램의 특성(공간은 복잡하고 다양한 비결정적 요소들에 의해 강하게 구축되 기보다는 일시적 점유와 연속적 흐름을 더 요구한다)을 그들의 새로운 구축적 방식—건축적 경계의 유동성, 벽과 바닥의 위상적 전환 등—으로 담아내고 있다.

6 Meta City-Data Town/농경지 구획
7 Meta City-Data Town/Data town 의 전체 영역
8 Meta City-Data Town/Data town 의 CO_2 영역과 숲 영역

암스테르담에 1994년에 계획된 Sloterpark Swimming pool은 MVRDV의 작품중 인위적 랜드스케이프 (The Artificial Landscape)와 접혀진 바닥판(The Folded Floor)의 구축이 절묘하게 조화된 작품이다. 이 작품역시 사회적, 기능적 프로그램의 다양한 요구와 제약으로부터 시작된다.

어떻게 해서 Sloterpark Swimming pool의 증축을 50년대 대중 목욕 운동의 이상과 현대 도시인의 무관심하고 개인적인 희망과 결합할 수 있을까? 한 그룹이 대중을 위한 커다란 옥외 수영장을 원했다면, 다른 그룹은 레크리에 이션과 혹독한 훈련을 위한 더욱 개인적인 공간을 원했다. 기존 수영장위에 증축하는 것은 실용주의적 기초와 쾌락 적인 레크리에이션 레벨을 갖는 분리된 수영장의 단단한 결합을 요구했다. 이러한 중첩은 공원공간을 최소한 점유 하면서, 호수 주변의 기존 타워와도 잘 조화된다. 기존 목욕탕 위에 필요한 구조 높이는 전통적인 격자보를 활용함 으로써 해결되었으며, 다락방에 수영장을 넣는 프로그램을 가능하게 하는 공간을 얻을 수 있었다. 서로다른 높이의 보를 사용함으로써, 바닥을 레크리에이션적인 랜드스케이프로 만들 수 있었다. 접혀진 바닥은 사우나 계곡을 지나 동굴 같은 등산용 벽으로 이어지고, 다이빙 공간을 바라보는 복도에서, 약간 경사진 목욕탕에서, 친근감 있는 계곡 을 지나 스쿼시장과 스포츠 홀을 바라보는 복도로 이어진다. 접혀진 바닥은 위쪽 세계로의 접근과 음향적인 단절, 그리고 에너지절약을 위한 열 교환 등을 조절한다. 이러한 윗 층의 변형은 경기장 천장에 그대로 나타난다. 이러한

RVU 빌딩

접힘은 상부층을 *Sloterpark Swimming pool*을 바라보는 바닷가처럼 느껴지게 한다. 레크리에이션은 수영장 속의 수영장처럼 배치되었는데, 등산용 벽으로부터 떨어지는 폭포는 물 속의 동굴을 만들고, 원형의 분수는 어린이를 위한 분리된 공간을 형성하며, 몇 개의 거품 풀이 이 경사면에 배치되었다. 지붕은 공원의 일부로, 망사형의 벽으로 둘러싸여 있으며, 잔디와 나무, 플라스틱, 모래, 그리고 돌로 된 정원을 돌아다닐 수 있다.

이러한 바닥판의 연속적인 접힘은 한정된 볼륨속에 바닥면적을 무한히 증식시키는 효과를 창출하면서 다양한 위상적 변화와 프로그램이 요구하는 기능을 수행한다(마치 프랙탈 도형–Menger Sponge : 이 입체도형은 무한의 표면적을 갖고 있지만 부피는 0이다–처럼). 또한, 앞의 작품에서와 같이, MVRDV의 비선형적인 구축은, 어떠한 형태적 결과를 목적으로 하지 않고 현대의 다양하고 복잡한 사회구조와 상, 하부 조직의 다층적 관계를 총체적으로 제어하고 끌어안으려는 진지한 연구와 고민에서 비롯되는 것이다.

새로운 구축의 현상

이러한 구축적 결과는 새로운 건축적 모습으로 현대도시에 각인되어 가고 있다.

사라진 화사드(Missing Fasade)

MVRDV의 건축에서 화사드의 전통적 개념은 더 이상 존재하자 않는다. 화사드는 단지 잘라낸 면인 것처럼 보인다. 화사드는 내부의 원칙을 나타내는 단면이 되었다. 실내의 삶은 그대로 드러난다. 이것은 매우 현대적이다. 오늘날 프라이버시와 공공성의 결합과 유사하다. 고밀도화 된 사회에서 건물들은 서로 가까워지면서, 세계는 내부화 되었다. 이것은 건축이 하나는 도시로 다른 하나는 내부로 변한 것이다. 내부화는 건물의 밀접한 배치에 의해서만 표현되는 것이 아니다. 통로와 벤치, 화단이 있는 중간적인 공공 공간의 설계에도 표현된다. 그래서 실내가 된 것이다. 건축에 대한 이러한 방식의 이해가 마치 외부 공간처럼 실내를 건설하게 하였다.

보이드(The Void)

'보이드'에는 너무나 많은 의미가 담겨있다. 그것은 '도피'와 '미래', '환상'과 '보호'의 상징이다. WOZOCO에서는 상자들 사이의 보이드가 나타난다. 이 보이드는 공적인 실내, 즉 사회적인 보이드, 허공 속의 거리이다. 캔틸레버 주택에서는 15m가량 떨어진 곳에 이웃이 살고 있을 뿐만이 아니라 흥미로운 전망을 갖게된다. 건물 다른 면의 특정 주택 발코니에서 다른 규모로 이러한 개념이 반복되는데, 이는 '담소구역'이라 일컬어진다. 이처럼 많은 의미를 가진 보이드는 어디든지 가는 뱀과 같다. 원하는 곳 어디든지 사용 할 수 있다. 그래서 모든 프로젝트에 다른 방법으로 존재한다. 현대건축의 모호함—정해지지 않은 임의성과 사건들로 가득한 현대 도시—에 대한 대응이다.

10

11

RVU 빌딩

대지에서(On Site)

MVRDV는 작품에서 대지의 특정한 측면을 확대하거나 강조하는 경향이 있다. 대지가 형태보다는 랜드스케이프의 관점으로 이해되고, 자연이 '자유'에 의해 같아질 수 있다면, 수많은 활용을 고려할 수 있다. 대지는 자연의 피할 수 있는 세력이 아니다. 대로를 재 규정하고 새로운 대지를 만들어내야 한다. Molensloot프로젝트에서는 실존의 기초가 되고, WOZOCO에서는 지역의 열린 공간이다. 아니면 RVU프로젝트에서처럼 대지는 갑자기 언덕으로 나타난다. 또한 대지는 대지의 특수성과 탈 대지성의 결합으로 나타난다. 교회에는 대지가 하늘로 사라지는 순간이 있다. VPRO에서는 대지가 사라져서 실내로 변형되는 순간이 있다. WOZOCO에서는 대지가 있지만, 복도에 들어서는 순간 실내가 되기도 한다.

새 로 운 영 토 (N e w   T e r r i t o r i e s)

네덜란드에서는 지을 것인가 짓지 않을 것인가의 문제가 특히 중요하다. 대지의 부족으로 인해 프로젝트의 많은 경우 이미 자연이나 공공 공간으로 점유된 대지에 지어져야 한다. 대지의 재형성 모델은, 이러한 네덜란드 현대사회의 건축적 상황에서 대지의 부족을 해결하기 위한 모색의 연구결과이다. 도시의 대지나 일층의 연장은 현재 매우 인기가 있는 건축적 모델이다. 더욱 많은 건축가들의 작품에서 그것을 볼 수 있다. 모든 바닥의 조작에 이유를 부여하지 않을 수 없을까? 그래서 토론하고 상상할 수 있는 비선형적 원근법을 창출하기 위해 계단이 필요할 때는 계단으로, 램프가 필요할 때는 램프로, 언덕이 필요할 때는 언덕으로 변형시킬 수 없을까? 물론 랜드스케이프는 이와 같은 기법으로 건축에 도입된다. 이것은 또한 과정의 연속에 대한 것이며, 실내와 실외의 연속에 대한 것이다.

볼륨/표면(Volumes/Surfaces)

표면은 있을 수 있는 연속성과 느슨함을 제공한다. 글자 그대로 아직 계획되거나 채워지지 않은 사물을 위한 공간을 만든다. Department Store at The Meent나 Double House Utrecht에서처럼 표면의 결과로서의 불륨의 형성은 매력적이다. 거기에다 공간은 볼륨 사이보다는 표면 사이에서 사는 것처럼 보인다. 하나의 접혀진 평면이 바닥과 천장, 벽으로 흐르면서, 조각적 형태와 평면의 연속성을 나타내어 준다. 때때로 그러한 표면들은 지형학적 형태를 갖는다. VPRO의 실내경관이나, 보다 독립적인 방법으로 나타난 Barendrecht 교회, 아니면 표면의 접힘으로 물을 담아낸 Sloterpark Swimming pool에서처럼 말이다. Hasselt의 Villa 같은 다른 건물들은 정면 사이의 빈 공간에서 흘러나오는 활력이 있는 건조된 볼륨을 쌓음으로써 형성된다. 두 경우 모두 사선으로 횡단하는 시각과 교차되는 조명은 공간에 특성을 부여한다. 그래서 방들이 차단된 볼륨의 외부처럼 보인다. 많은 레벨들에 대한 동시적인 조망은 관찰자에게 갈등과 의문을 일으키고, 보다 생생한 인식을 가져온다. 그러나 중요한 것은, 이러한 현상이 MVRDV가 건축을 형태적인 목적으로 접근함으로써 나타난 결과가 아니라는 것이다. 현대 사회에서 나타나는 개인과 공공성의 혼재 속에서 그들이 택한 건축적 전략에 기인한 결과이다. 친밀감을 표현하고, 혼자이고 내밀한 자아를 이야기하고, 때로는 혼재된 자아들 속에서 집단이 되고, 즉 언제 친밀하고, 언제 공적이 되는가? 그 둘의 경계는 공적인 것과 친밀한 것이 한데 어우러진 시기에 흥미를 자아낸다. 이러한 개념에 대한 전략으로 그들은 공적인 것을 최대로 연장함으로써 이를 보여주고, 그래서 생존의 방법으로써 집중을 강요한다.

RVU Office Building

Hilversum, The Netherlands, 1997, MVRDV

| 디자인 컨셉 |

이 건물은 힐베르숨의 미디어 파크 내에 위치하고 있다. 원래의 부지는 개발이 제한되어 있기 때문에 건물을 짓고나서 원래의 자연환경과 유사하게 복원하는 것이 과제였다. MVRDV는 경사지에 건물을 설계하면서 경사지를 그대로 살려두고 건물을 최대한 지형에 맞추어 디자인하였다. 또한 건물옥상은 기존의 잔디를 그대로 복원해서 도로측에서 볼때는 건물의 존재를 흐트러뜨리고 있다. 건물의 가운데는 옥상과 통하는 직선계단을 설치해서 매스를 관통하여 옥상과 건물 뒤편의 도로로 연결되도록 디자인되었다.

건물은 경사지에 직사각형 매스가 삽입되어 있고 아래는 필로티로 띄워저 있는 형상을 취하고 있는데, 진입은 이곳을 통해 자연스럽게 진입하여 직선계단의 중층으로 진입이 이루어지고 이곳은 상부가 열려 있기 때문에 그늘진 공간에 밝은 빛을 제공하여 자연스럽게 동선을 유도하고 있다.

| 프로그램 |

힐베르숨 언덕의 경사면에 위치하는 미디어 파크에는 텔레비전 관계의 협력 회사들 중 몇 회사가 모여 있다. RVU 오피스는 그 중의 한 회사의 사무실 용도로 사용되고 있는 건물이다.

| 동선순환체계 |

이 건물은 경사지에 위치하고 있기 때문에 진입은 위쪽 레벨과 아래 레벨 양쪽에서 진입할 수 있도록 계획되어 있다. 외부 직선계단의 매스를 관통하면서 두 레벨의 공간을 이어주고 있는데, 이 계단의 중간 참에 입구가 있다. 주 진입은 미디어 파크 내에서 있는 아래 공간에서 이루어진다. 필로티로 띄워져 있는 아래 공간은 자연스럽게 인으로 유도되고 그늘진 공간에서 보이는 밝은 계단은 다시 자연스럽게 위로 오르도록 유도하고 있다. 이곳을 통해 상부로 진입하면 좌측에 입구가 있고 계속 오르게 되면 옥상부분의 잔디에 이르게 된다.

| 구조 시스템 |

이 건물의 구조는 가는 필로티 기둥들이 전체 매스를 지지하고 뒤쪽은 경사지에 지지되고 있다. 외부는 녹슨 철판으로 마감되어 있고, 아래 필로티는 상대적으로 흰색으로 마감된 기둥으로 이루어져있다. 매스 전면에는 전체가 우리로 마감되어 있어 건물의 중량감을 해소시키고 있다.

| 주요 디테일 |

- 지붕: 지붕에 환경친화적인 잔디를 심어 건물과 더지를 일체화시키고 있다.
- 외부 마감: 녹슨 철판을 이용하여 마치 흙 속에서 돌출되는 이미지를 제공한다. 또한 건물의 마감을 바닥과 입면을 구분하지 않고 일체화시켜 하나의 연속된 면으로 표현함으로써 대지로부터 부유하고 있는 이미지를 더욱 강하게 전달하고 있다.

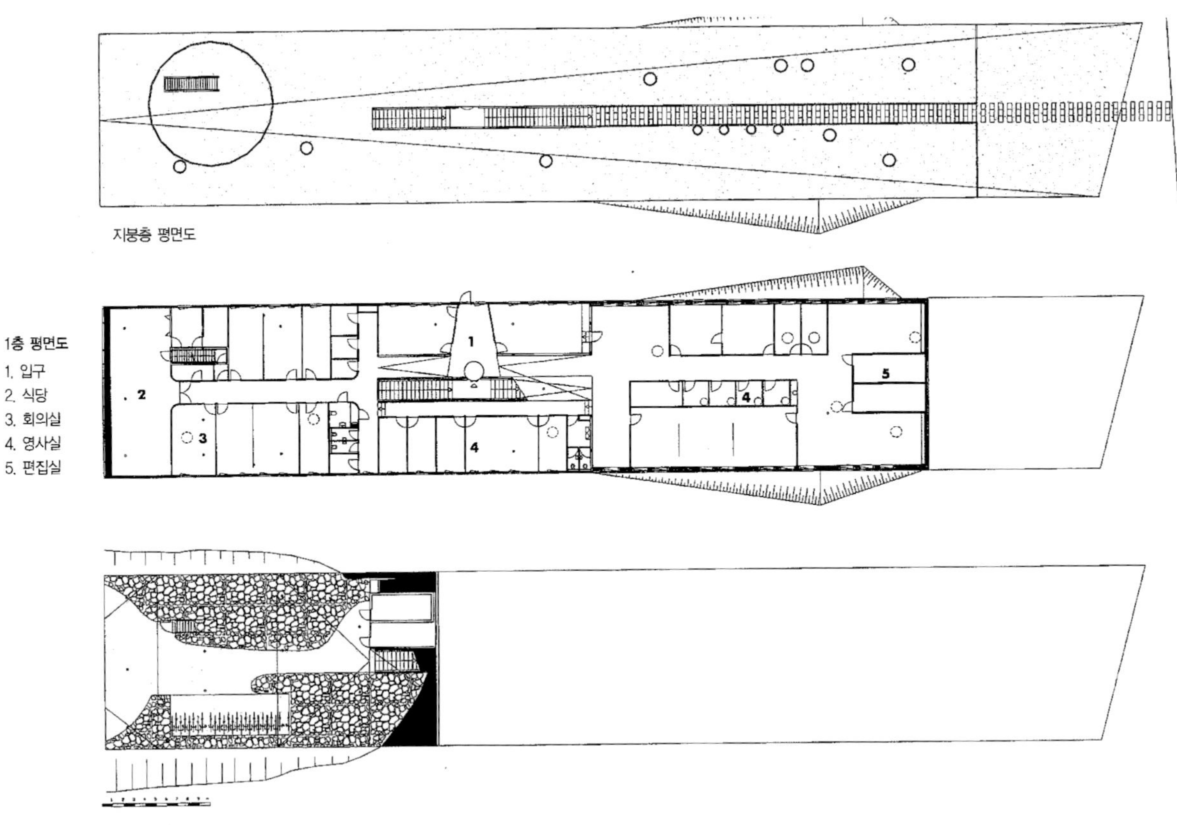

지붕층 평면도

1층 평면도
1. 입구
2. 식당
3. 회의실
4. 영사실
5. 편집실

지하층 평면도

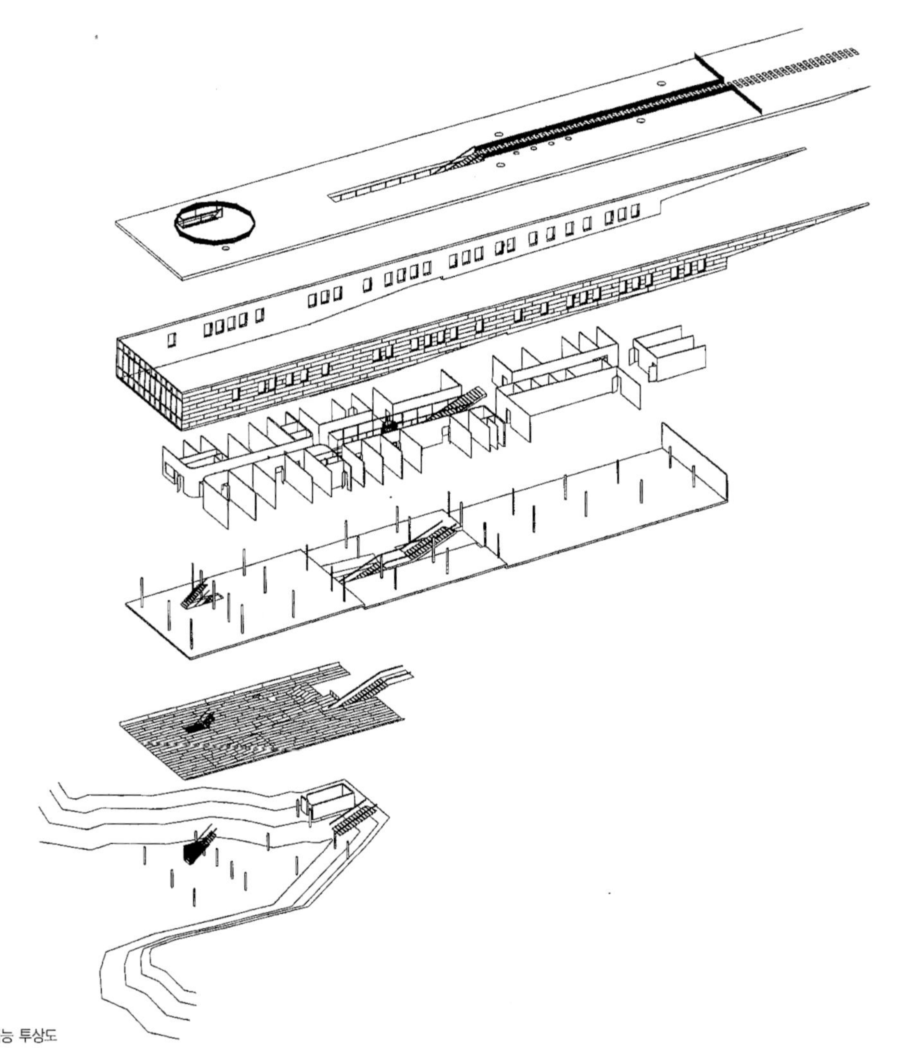

층별 기능 투상도

이 건물도 Provinzial 보험 회사와 같이 유리를 소재로 작품 활동을 많이 펼치는 독일 HPP의 작품 중 하나이다. 전면에 보이는 전면 유리벽은 건물의 비물질성의 표현이자 대로변에 면해있는 건물 특성 상 사무실로 들어오는 자동차 소음을 막는 역할을 수행하고 있다. 건물 입면의 대부분을 유리로 마감하고 있는데, 여기서 느껴지는 차가움을 보완하기위해 내부에는 곳곳에 중정을 두어 자연환경과 최대한 많이 면하도록 디자인되었다. 이 건물에서 보이는 가운데 원형 타워는 이 출판사의 랜드 마크로서 디자인되었고, 평면에서도 건물 공간의 중심 역할을 하고 있다. 그러나 상대적으로 건물의 내부 공간은 외부의 하이테크적인 이미지와 달리 철재와 노출콘크리트, 그리고 목재 등의 재질을 사용하여 따뜻하면서 절제된 이미지를 제공하고 있다. 듀 몬트 출판사는 쾰른 시가에 산재하는 편집, 출판부를 통합해서, 인쇄 부문과 함께 시설에 들어갈 수 있는 것을 목적으로 계획되었다. 그러므로 주 용도는 사무실 공간으로 계획되었고, 오피스 층은 팀 룸, 오픈 오피스, 그리고 일반적인 개별 오피스의 세 가지 타입의 공간으로 구성되어 각각의 실들은 아트리움에 접하고 있다.

| 디자인 컨셉 |

이 건물은 유리를 소재로 작품활동을 많이 펼치는 독일 HPP의 작품 중 하나이다. 전면에 보이는 전면 유리벽은 건물의 비물질성의 표현이자 대로변에 면해있는 건물 특성 상 사무실로 들어오는 자동차 소음을 막는 역할을 수행하고 있다. 건물 입면의 대부분을 유리로 마감하고 있는데, 여기서 느껴지는 차가움을 보완하기위해 내부에는 곳곳에 중정을 두어 자연환경과 최대한 많이 면하도록 디자인되었다. 이 건물에서 보이는 가운데 원형 타워는 이 출판사의 랜드마크로서 디자인되었고, 평면에서도 건물 공간의 중심 역할을 하고 있다. 그러나 상대적으로 건물의 내부 공간은 외부의 하이테크적인 이미지와 달리 철재와 노출콘크리트, 그리고 목재등의 재질을 사용하여 따뜻하면서 절제된 이미지를 제공하고 있다.

| 프로그램 |

이 건물은 퀼른의 암스테르담 대로변에 위치하고 있는 5개 층 규모의 건물이다. Du mont 출판사는 퀼른 시가에 산재하는 편집, 출판부를 통합해서, 인쇄 부문과 함께 시설에 들어갈 수 있는 것을 목적으로 계획되었다. 그러므로 주 용도는 사무실 공간으로 계획되었고, 오피스 층은 팀 룸, 오픈 오피스, 그리고 일반적인 개별 오피스의 세가지 타입의 공간으로 구성되어 각각의 실들은 아트리움에 접하고 있다.

| 동선순환체계 |

이 건물은 대로변에 위치하고 있는데, 이 건물에서 가장 눈에 띄는 것은 원형 타워와 전면의 라운드 된 유리벽면이라고 볼 수 있다. 이 두 요소는 이 건물의 핵심 디자인 요소로서, 건물 전체 이미지를 결정하는 요소이다. 대로변에서 원형 타워를 보면서 유리벽면을 따라오면 유리벽면에서 열린 부분을 볼 수 있는데, 이곳에 주 출입구이다. 출입구를 지나면 작은 로비가 나오고 전면에 밖에서 보았던 유리타워가 중심을 잡고 있다. 이 유리타워는 투명성을 강조하면서 수직동선을 제공하는 역할을 하고 있다. 이 타워의 좌우에는 중정의 녹지 공간이 조성되어 있고, 이곳을 관통하면 뒤쪽으로 다시 오피스 매스가 들어서 있다. 전면에 있는 매스는 도로축을 따라 중복도의 긴 매스에 가지처럼 5개의 매스가 돌출하여 구성되어 있는데, 각각의 돌출매스에는 수직 동선이 구성되어 있어, 서로 간의 동선 이동을 원활하게 하고 있다.

| 구조 시스템 |

이 건물에서 보이는 전체 구조는 하이테크적인 이미지의 유리와 철골, 그리고 S.P.G로 구성되어 있다. 길이 150m, 높이 25m의 벽면과 높이 48m의 원형 타워는 유리로 마감되어 전체 건물의 이미지를 결정짓고 있다. 한편 내부공간은 노출콘크리트와 철재, 나무 등의 재료를 사용하여 외관과는 대조적 이미지를 제공하고 있다. 이 건물의 구조는 전반적으로 밝고 개방적으로 구성되어 있어 유리라는 재료의 특성과 잘 조화를 이루고 있다.

| 주요 디테일 |

- 유리 타워: 외부에서는 건물의 랜드마크로서, 내부에서는 건물의 중심으로서 수직동선을 제공하고 있다.
- 중정: 전면에 있는 3개의 정원과 내부에 있는 2개의 정원은 유리건물에서 보이는 차가움을 보완하면서 친환경적인 공간을 제공한다.
- 유리벽: 150m의 거대한 유리벽은 소음을 차단하는 기능적 역할뿐만 아니라, 유리라는 특성상 투명성과 함께 주변의 자연과 풍경을 받아들여 형태적으로도 비물질화시킨다.
- 로비: 노출콘크리트와 목재의 마루로 마감하여 소박하면서 인간적인 냄새를 풍긴다.
- 외부 조경 : 유리 벽면 앞에 조성된 조경은 키 작은 나무들 숲에 길을 내어 지나갈 수 있도록 조성해 보행자들에게 즐거움을 제공하고 있다.

EXPRESS

이 건물도 Provinzial 보험 회사와 같이 유리를 소재로 작품 활동을 많이 펼치는 독일 HPP의 작품 중 하나이다. 전면에 보이는 전면 유리벽은 건물의 비물질성의 표현이자 대로변에 면해있는 건물 특성 상 사무실로 들어오는 자동차 소음을 막는 역할을 수행하고 있다. 건물 입면의 대부분을 유리로 마감하고 있는데, 여기서 느껴지는 차가움을 보완하기위해 내부에는 곳곳에 중정을 두어 자연환경과 최대한 많이 면하도록 디자인되었다. 이 건물에서 보이는 가운데 원형 타워는 이 출판사의 랜드 마크로서 디자인되었고, 평면에서도 건물 공간의 중심 역할을 하고 있다. 그러나 상대적으로 건물의 내부 공간은 외부의 하이테크적인 이미지와 달리 철재와 노출콘크리트, 그리고 목재 등의 재질을 사용하여 따뜻하면서 절제된 이미지를 제공하고 있다. 듀 몬트 출판사는 쾰른 시가에 산재하는 편집, 출판부를 통합해서, 인쇄 부문과 함께 시설에 들어갈 수 있는 것을 목적으로 계획되었다. 그러므로 주 용도는 사무실 공간으로 계획되었고, 오피스 층은 팀 룸, 오픈 오피스, 그리고 일반적인 개별 오피스의 세 가지 타입의 공간으로 구성되어 각각의 실들은 아트리움에 접하고 있다.

Ben van Berkel & Bos의 건축사고과정
: Hybirdization - Jeffrey Kipnis

모짜르트가 프로 작곡가가 된 초기 무렵, 그의 음악은 그를 이해하는 비평가마저도 혼란시켰다. 다른 동시대의 작곡가와 마찬가지로, 모짜르트는 이국풍(exotica)의 터키 음악 선율에서부터 그의 라이벌의 작품에 이르기까지, 당시 입수 가능한 음악의 모든 것을 마음껏 발휘하였다. 그러나 모짜르트는 이러한 차용된 선율을 도저히 생각할 수도 없게 전환시킴으로써, 관객의 환희를 그리고 평론가의 분노를 산 것이었다. 모짜르트는 당시 음악 이론과 작곡 기술을 완벽하게 습득하고 있었음에도 불구하고, 당시 지배적이었던 음악의 적정성 등의 인텔리적인 자만심에는 그다지 관심을 나타내지 않았으며, 언뜻 보아 미숙하게나마 여러 가지 음악의 형식과 양식을 합성해 갔는데, 그것은 인습적인 권위에 있어서는 스캔들이었다.

후에 모짜르트는 놀랄 만한 독창성을 지닌 작품을 작곡하게 되었다. 이러한 작품으로서는, 바로크 협주곡과 클래식 소나타라고 하는 2개가 상반되는 형식의 음악을 융합함으로써, 높게 평가된 후기의 피아노 협주곡 다수가 있다. 모짜르트는 그 이전의 형식을 합성하여, 선례(先例)와는 비교가 되지 않을 정도로 음악적으로 풍부한, 새로운 하이브리드(hybrid)를 낳았다. 이 파워풀한 하이브리드(hybrid)는 그 원형의 음악과는 너무나도 차이가 났기 때문에, 그것은 독자적인 새로운 음악 형식을 수립했던 것이다. 더욱이 이러한 후기의 명작을 낳기 위해서 그가 이용한 수법의 대부분은 그의 초기의 작품으로 보여 지는 조숙한 시도로부터 출발하고 있는 것이다. 나에게는, 모짜르트의 작품과 비교적 젊은 건축가 벤 반 베르켈(Ven Van Verkel)의 건축 디자인에는 흥미로운 유사점이 있는 것처럼 생각된다.

Ben van Berkel

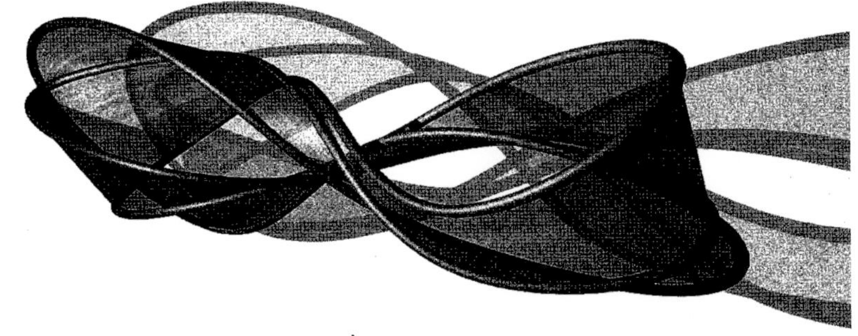

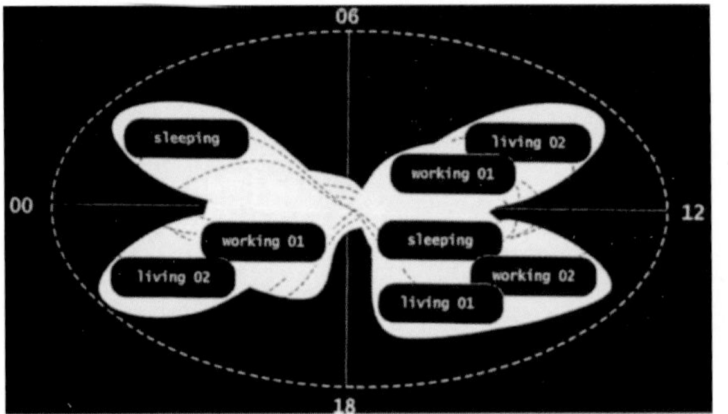

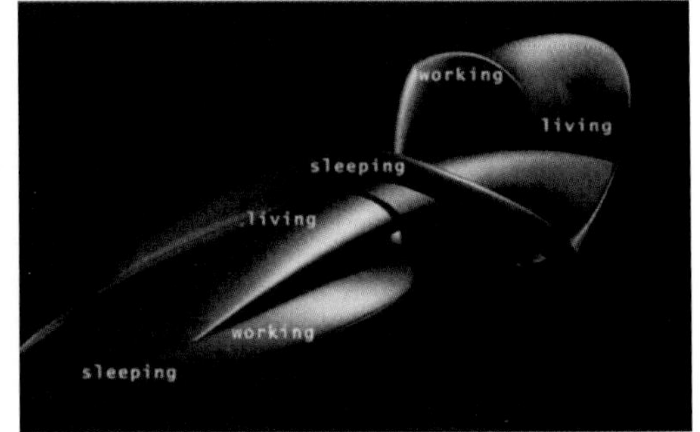

모차르트와 마찬가지로, 반 베르켈은 벌써 오늘날의 디자인 수법을 놀라울 정도 습득하고, 이러한 수법이 배양된 여러 가지 담화도 자유롭게 구사할 수 있음을 보여주고 있다. 한층 더 비교를 진행시키자면, 그의 디자인은 엄선된 현대 건축의 계보에 겁도 없이 정통하고 있음을 알 수 있다. 반 베르켈의 작품은 자하 하디드(Zaha Hadid), 산티아고 카라트라바(S. Calatava), 렘 콜하스(Rem Koolhaas), 장누벨(J. Nouvel), 베르나르 츄미(B. Tschumi)를 상당히 반영하고 있다. 그리고, 그 정도는 아니지만, 피터 아이젠만(P. Eiseman), 다니엘 리베스킨드(Daniel Libeskind), 그리고 쉬르델(Shirdel)도 연상케 하고 있다. 그렇지만 대부분의 경우 이러한 독창적인 건축가의 테마를 바탕으로 해서 단지 쓸모 없는 기계적인 변화가 이루어지는 것과는 달리, 반 베르켈은 그들의 영향을 생각할 수도 없는 조합과 반역적인 교묘함을 가지고 변환시켰기 때문에, 이러한 앞서 예를 든 건축가들의 실천이 근거로 하고 있는 본질 자체를 공격하고 있다. 그렇게 함으로써, 반 베르켈은 문화론의 예증보다 오히려 현대적인 건축적 체험의 창조에 전념하고 있으며 새로운 건축의 표현과 전제 조건의 윤곽을 그리기 시작하고 있다. 여기에 인용된 현저하게 서로 다른 현대 건축의 거장들에게 있어서 공통되는 특징은 베르나르 츄미의 "이벤트(event)"나 아이젠만의 "텍스트성(Textuality)"과 같이, 그 주요 비평의 테마에 대한 성실한 헌신이다.

이러한 건축가들은 누구나, 그들의 테마를 건축으로 실현하기 위해 형태에서부터 플랜, 재료, 디테일에 이르기까지, 각각의 프로젝트 양상을 가능한 한 그 테마에 따라 구성한다. 예를 들어, 솔직히 확립되지 않는 건축을 만들려고 하는 렘 콜하스는 전통적인 재료나 세련된 디테일에 대한 계산된 경멸을 그의 작품의 뚜렷한 특징으로 변환시켜, 프로젝트를 지탱하기 위해 그가 창안한 구조적인 위장, 시간에 의해 변화하는 기능 등, 그 외의 많은 혁신적인 설계 수법을 거기에 정합(整合)시키고 있다. 한편, 총명한 구조적인 서정주의(lyricism)에 빠진 칼라트라바는 새로운 재료나 세련된 디테일에 대해 거의 물신주의적(Fetishistic)으로 심취하고 있다. 어느 쪽의 경우도, 건축가들의 설계 방식은 그들 작품의 테마를 종합적으로 지탱하기 위한 것이다. 그리고 분명하게, 렘 콜하스의 테마와 칼라트라바의 테마는 결코 서로 받아들일 수 없는 대립된 것처럼 보인다.

카르보우 오피스 & 워크 숍

이와 같이, 램 콜하스나 칼라트라바의 독특한 설계 수법을 융합하려고 하는 어떠한 시도도 무익하며 고지식한 일처럼 보일 것이다. 그럼에도 불구하고, 모짜르트가 음악 스타일을 새롭게 합성한 것처럼, 이같이 받아들이기 어려운 편성을 새로운 건축의 하이브리드(hybrid)에 편성하는 것이 반 베르켈의 디자인의 본질적인 특징인 것이다. 이 하이브리드(hybrid)라는 개념에 대해서는 다소 유의할 필요가 있다. 왜냐하면, 꼴라쥬(collage)나 아상블라쥬(assemblage), 그리고 브리꼴라쥬(bricolage)와 같이 집성된 건축의 수법과는 주의 깊게 구별하지 않으면 안 되기 때문이다. 이러한 수법의 탁월한 효과는, 복수(複數)의 원형(original)을 일관성 없게 병렬하는 것이다. 따라서 거기에는 그 불연속성을 강조하기 위해, 집성된 원형의 각각의 위상(status)이 유지되어야만 한다. 한편, 진정한 하이브리드(hybrid)는, 이질의 원형을 합성하며, 하나의 독특하고 일관된 전체를 낳는다. 그것은 원래 속성의 단순한 합계(合計) 이상의 속성을 제공하며, 원형을 대신한 것이다. 꼴라쥬(collage)나 아상블라쥬(assemblage), 그리고 브리꼴라쥬(bricolage)는 비평적이어서 집성의 연결고리가 중요하지만, 하이브리드(hybrid)는 적응성을 가지는 연결고리는 문제가 되지 않는다.

반 베르켈은 실험적인 설계 수법이 낳는 실험적, 기능적, 기호론적, 기계적 효과를 그것들에 관련된 광범위한 비평적인 테마보다 유의해서 취급함으로써, 그의 건축적 하이브리드(hybrid)를 만들어 내고 있다. 사색적인 건축가들 대부분이 현대 생활의 특징으로 인식되고 있는 비 물질화를 건축에 있어 탐구하는 경향이 있는데 반해, 반 베르켈이 건축의 물적 특성(physicality)를 재 긍정하고 있는 것은 그의 건축을 생각하는데 있어서의 하나의 열쇠이다. 이러한 생각은, 언뜻 보아 안도(Tadao Ando)나 레온 클리에(Leon Krier) 등과 같은, 좀 더 보수적인 건축에 속하는 것처럼 생각된다. 그러나 반 베르켈은 그의 선례인 사색적인 건축가에 의해 시작된 변화의 충동에 완전히 심취하면서 물적 특성(phisicality)를 추구하고 있다.

이러한 어프로치는 가능하다. 왜냐하면, 건축가는 비평적 테마를 지지하기 위해서 여러 가지 설계 수법을 만들어 낼 수도 있지만, 이러한 수법은 분리할 수 없을 정도의 각각의 테마로 구속되고 있는 것도 아니며 그러한 수법이 낳는 효과도 어쩔 수 없이 각각의 테마에 얽매이고 있는 것도 아니기 때문이다. 즉, 시간에 의해 변화하는 기능은 램 콜하스의 비확립성이라는 테마의 위장 구조에 구속되지 않으며, 거친(naive) 부지(敷地)

의 고고학은 아이젠만의 텍스트성이라는 테마의 형식적 유형의 조직적인 변형에 얽매이고 있는 것도 아니다. 각각의 수법에서 건축의 물적 특성에 작용하는 테마와 수법의 새로운 조합을 만들 수가 있는 것이다. 즉, 작품이 낳는 체험이나 그 의미, 그 역할은 건축의 테마 실천에 의해 탐구되지 않는 것이다.

반 베르켈의 로테르담에 있는 에라스무스(Erasmus) 다리의 디자인은 그 쉬운 예이다. 그들의 에세이, 〈모바일 포스(Mobile Forces)〉에 있어서 벤 반 베르켈과 캐롤린 보스(Ven Van Berkel & Caroline Bos)가 논하고 있는 것처럼, 이 프로젝트에 관한 수많은 문제는 다리의 유형학, 부지의 경제성, 로테르담의 도시계획 등 분명히 다른 전제에서 유래하고 있다. 더욱이 이들 각각이 몇 개의 중첩되는 건축적 문제에 종사하고 있다.

오늘날, 다리 설계를 시도한다는 것은 다른 학문간의 논쟁적인 논의에 직면하는 것이다. 토목 프로젝트라고 생각하면, 현대의 다리 디자인은 구조, 하중 흐름의 효율성, 코스트의 합리성 문제로서 처방된다. 그러나 건축적 표현에 있어서 다리 디자인은 오히려 미적, 상징적인 문제이다. 그러나, 구조와 장식의 변증법이라고 하기에는 너무나 쉽게 단순화된 것으로 볼 수 있는 이 도식은 사실 좀 더 미묘한 관계를 은폐하고 있다. 그것은 합리주의적인 엔지니어링의 억압된 상징에 대한 야망과 실험적 디자인의 충분히 탐구되지 않은 구조적, 수행적 가능성(potential)의 양쪽 모두와 관계되는 미묘한 도식이다.

요컨데, 현대의 합리주의 사회가 구조적, 형태적 미니멀리즘(minimalism)에 심취하는 것은 항상 수량에 근거한 논의처럼 보이지만, 실제는 강건한 영속성, 타당성, 진정성의 전통적인 상징으로서 다리가 영존(永存)한다는 것을 증명하려고 하고 있는 것이다. 한편, 건축가에 의한 다리 디자인에 대한 형태적, 기능적 시도는 거기에 대해 비평적으로 작용하는 경향이 있다. 즉, 개량된 구조성, 기능성에 대해서는 어떠한 근본적인 논의를 시도하지 않으며, 이러한 전통적인 가치에 이론을 주창하든지 아니면 그것을 보충한다하는 경우, 건축은 다리의 합리적 필연성 위에 더해진 이식(移植)과 같은 것이다. 이와 같이, 토목과 건축, 쌍방은 이러한 명백한 논쟁을 계속하는 기득권을 가지고 있다. 다리의 원래 유형학을 계속 유지함으로써, 엔지니어링은 근본적인 역할을 완수하고 건축은 본질에 가치를 부가한다는 것을 모더니스트의 논의는 확증하려고 한다.

한편, 반 베르켈과 보스는 에라스무스(Erasmus) 다리의 주변 상황 분석을 로테르담의 여러 가지 콘텍스트와 원가 요소로부터 생긴 다른 논쟁으로까지 넓혀, 어떻게든 다리의 디자인을 제어하려고 했다. 이 중에서 현저

8 7

카르보우 오피스 & 워크 숍

한 것은 로테르담의 복잡한 현상과 그 실용주의적인 자아 이미지지간의 깊은 분열을 그것들이 강하게 묘사하고 있다는 것이다. 테마에 따른 비평적인 디자인을 할 경우, 이러한 대립을 좀 더 큰 문화적인 논쟁의 실례로서 탐구하고, 그 논쟁에 대해 적절한 입장을 취하기 위한 매개로써 디자인을 이용해야 할 것이다. 그런데 반 베르켈은 이러한 여러 가지 모든 대립을 다리의 물적 특성에 영향을 주는, 해결될 수 없는 힘으로서 다루고 있다.

반 베르켈의 디자인 방식은 칼라트라바가 이용하는 구조적 테크닉과 자하 하디드의 전형적인 표현이 풍부한 표층(表層) 그리고 쉬로델이 탐구한 형태와 기능, 그리고 램 콜하스와 아이젠만을 생각하게 한다, 여러 컨텍스트의 분석을 주의 깊게 융합함으로써 그 새로운 형태, 재료적 특성(materiality), 효과와 같은 디자인 상의 특성 모두가 이미 이러한 건축가의 실천의 어느 쪽에도 속하지 않는 일관된 유기체를 낳는 것이다.
그의 디자인은 이러한 선례가 지니는 비평적인 대부분의 힘을 유지하면서 새롭고 많은 효과도 실현한다. 예를 들어, 비 형식적인 다리의 바닥과 다리 탑의 말미(heel)는 쉬로델로 하여금 건축적 형식주의의 공간적 한계에 직면하게 하였지만, 반 베르켈에 의해 근본적인 구조적인 문제는 한층 더 잘 해결될 수 있도록 발전했다.
다리 탑의 풍부한 표현의 표층은 자하 하디드의 추상성을 생각하게 하지만, 칼라트라바의 구조적 논리, 아이젠만 풍의 부지(敷地)의 콘텍스트의 언어적인(narrative) 고고학, 램 콜하스 부지의 정치적인 분석과 합쳐져 구조, 상징, 미가 복합된 새로운 건축의 역할을 실현하고 있다. 실제, 수평 방향과 두 개의 수직 방향이라는 3개의 방향으로부터 이루어진 단일 면으로 된 이 탑은, 의심할 여지 없이 주변에 현대적 추상적인 랜드마크를 부가하며, 도크의 역사를 상징적으로 회상시키고, 부지에 방향과 차이를 부여하며, 그 형상의 비 직선적인 궤선을 사용하여 케이블로부터 생기는 인장와 압축의 모멘트를 잘 해결하고 있다.
요컨대, 에라스무스(Erasmus) 다리에 있어, 반 베르켈은 이미 분석된 충돌해 오는 힘이나 장래 나타날 예측할 수 없는 힘을 조정하면서 그것들을 불안정한 평형 상태로 분해할 만큼의 물리적, 문맥적, 정치적 적응력이 있는 놀랄 만한 하이브리드(hybrid) 다리라는 조직을 구축했던 것이다. 그렇게 함으로써, 엔지니어링과 건축 간의 논쟁, 유형학, 그리고 도시에 있어서의 관습적인 다리의 역할이라는 것은 한 번에 재 정의되는 것이다.

9

10

11

12

에라스무스(Erasmus) 다리가 특별한 예는 아니다. 가구와 같은 작은 스케일의 설치(Installation)에서부터 건물, 도시계획의 대규모의 작품에 이르기까지, 반 베르켈은 모두 똑같은 집약적, 지적인 방식으로 각각의 프로젝트를 분석하며, 이와 유사하게 본질적으로 역사와 현대 건축을 정의하는 문제에 대한 지식을 이용하여 물적 특성과 건축 체험을 배려하고, 동일한 기교적이고 실험적인 수법을 발휘한다. 그리고 무엇보다도 중요하지만, 동일하게 변환력이 있는 하이브리디제이션(hybirdization)에 심취하고 있다.

처음에 시사한 것처럼, 이러한 특색은 모짜르트가 능숙한 작곡가가 된 초기 작품의 음악적 현시(顯示)에도 들어맞는다. 후의 반 베르켈의 작품이, 모짜르트의 공적에 필적할지 어떨지는 아직 모른다. 그렇지만 확신을 가지고 말할 수 있는 것은, 반 베르켈이 그의 작품에 가져오는 지식, 지성, 엄격함은 새로운 건축의 규범을 설정하며, 그 하이브리디제이션은 새로운 실험적인 건축을 확립하려고 하고 있다. 이것들은 진지하게 평가되지 않으면 안 된다.

13

14

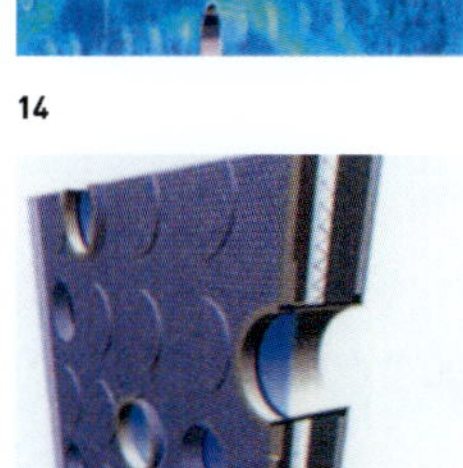

15

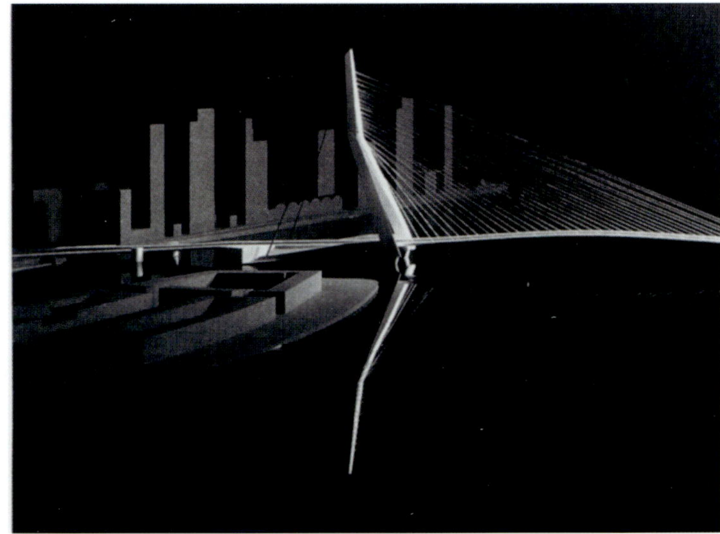

16

17

작품설명

| 디자인 컨셉 |

반 베르켈의 디자인 방식은 산티아고 칼라트라바가 이용하는 구조적 테크닉과 자하 하디드의 전형적인 풍부한 표층(表層) 그리고 쉬로델이 탐구하는 형태와 기능, 그리고 램 쿨하스와 아이젠만을 생각하게 하는 다소 절충적이고 복합적이며 이러한 요소들이 종합된 디자인 특성을 보이고 있다. 그는 여러 컨텍스트의 분석을 주의 깊게 융합함으로써 새로운 형태, 재료적 특성(materiality), 그리고 효과(effect)와 같은 디자인상의 모든 특성을 의도하고 있는 것이다. 그의 건축은 현대 디자인의 어떤 계통을 따르고 있다기보다는 어느 쪽에도 속하지 않는 일관된 유기체적 건축을 독자적으로 수행하고 있다고 볼 수 있다.

또한 그의 디자인에서 나타나는 주요 특징 중 하나이며 합리주의적 특성인 구조적, 형태적 미니멀리즘(minimalism)은, 자칫 수량에만 근거하는 논의처럼 보이지만, 실제는 강건한 영속성, 타당성, 진정성의 전통적인 상징으로서 나타나고 있음을 지적할 수 있다. 이 건물은 반 베르켈의 디자인 특성인, 매스의 형태 변형을 통한 미니멀적이고 합리주의적인 이미지를 건물 전체에 걸쳐 표현하고 있는 것으로 유명하다. Van Berkel & Boss는 전체 정사각형의 매스에서 2층 부분의 매스를 약간 틀고 유선형의 곡면으로 입면을 구성하여 매스의 아름다움과 선을 통해 보이는 아름다움을 동시에 표현하고 있다. 1층 부분의 정사각형 매스와 2층 부분의 사선의 매스는 서로 어긋나 있고 또한 처마를 이루는 부분은 사선으로 돌출 되어 있기 때문에 건물에 생동감을 전하고 있다. 평면을 살펴보면, 매스 뒷 편은 작업실로 쓰이는 곳으로 기능상 직사각형의 모듈에 맞추어 구성되어 있고 상대적으로 다양한 공간을 수용할 수 있는 사무실 부분은 전면에 구성되어 있는데, 굴곡진 선과 사선을 사용하여 좀더 자유로운 평면을 구성하고 있고 형태에도 그대로 반영하고 있다.

| 프로그램 |

이 건물은 아머스푸르트(Amersfoort)의 외곽에 있는 공장 단지 내에 위치하고 있다. 이 건물이 처음 들어설 당시에는 푸른 잔디 위에 이 건물이 하나의 지역적 오브제 역할을 하면서 상당한 조형적 의미를 제공했지만, 이 곳 단지에 공장들이 다 들어선 이후에는 그 의미가 상당히 사라지고 말았다.

이 건물은 건설사의 작업실을 포함한 사무실 용도로 사용되고 있는 건물이다. 건물의 전면 1층과 2층은 사무실로 사용되고 있고, 뒤쪽부분은 2층까지 하나의 공간을 이루며 작업실의 용도로 사용되고 있고, 사다리꼴 평면의 부분 2층은 식당으로 사용되도록 계획되었다. 또한 각층 사무실에서는 작업실로 언제든지 바로 진입할 수 있도록 계획되어있다.

| 동선순환체계 |

이 건물은 공장 내부 순환도로변에 위치하고 있는
데, 전면에는 주 입구가 돌출된 유리매스로 구성
되어 있다. 사무실로 올라가는 유리매스의 계단을
오르면 바로 안내 데스크가 있는 로비가 나오고
이곳을 지나면 작업실과 사무실 사이에 있는 복도
를 통해 각 실들로 진입하게 된다.
한편, 작업실은 건물 좌측에 별도의 물품들을 반
출할 수 있는 입구가 따로 있고 이 작업실에는 하
역장과 창고, 작업공간 등이 배치되어 있으며 사
무실과 연결된 부분에는 식당이 일부 2층을 차지
하면서 계획되어 있다. 그리고 이곳에서 2층 사무
공간으로 이동하기 위해서는 노출된 직선계단을
통해 2층 복도와 연결된다.

| 구조 시스템 |

이 건물은 전체적으로 일정한 그리드 모듈에 의해
계획되어졌다. 전면 매스부분도 구조체는 사선으
로 틀어진 상태에서 뒷면의 그리드를 그대로 받아
계획되어졌다. 이 구조체에 표피를 다양하게 구성
하여 전체적으로 조형적인 매스를 표현하고 있다.
1층 부분은 붉은 색 타일로 마감하여 바닥의 푸른
잔디와 대조를 이루며 상당히 강조되고 있고, 2층
부분은 금속 판넬을 사용하여 부드러우면서도 강
한 이미지를 잘 표현하고 있다. 한편 전면부분은
전체를 프레임 창으로 구성하여 시원하게 전면을
개방시키고 있고 2층의 처마선을 더욱 강조하고
있다.

| 주요 디테일 |

- **진입부 매스**: 유리 매스가 삽입되어 있는 형태
  로서 전면에서 바로 인식된다.
- **복도**: 2층 복도는 사선으로 처리되어 강한 투시
  효과를 제공하고 있다.
- **돌출창**: 금속 판넬로 마감된 2층의 입면에 유리
  매스가 돌출된 창은 부드럽게 흐르는 입면에 포
  인트를 제공하고 있다.

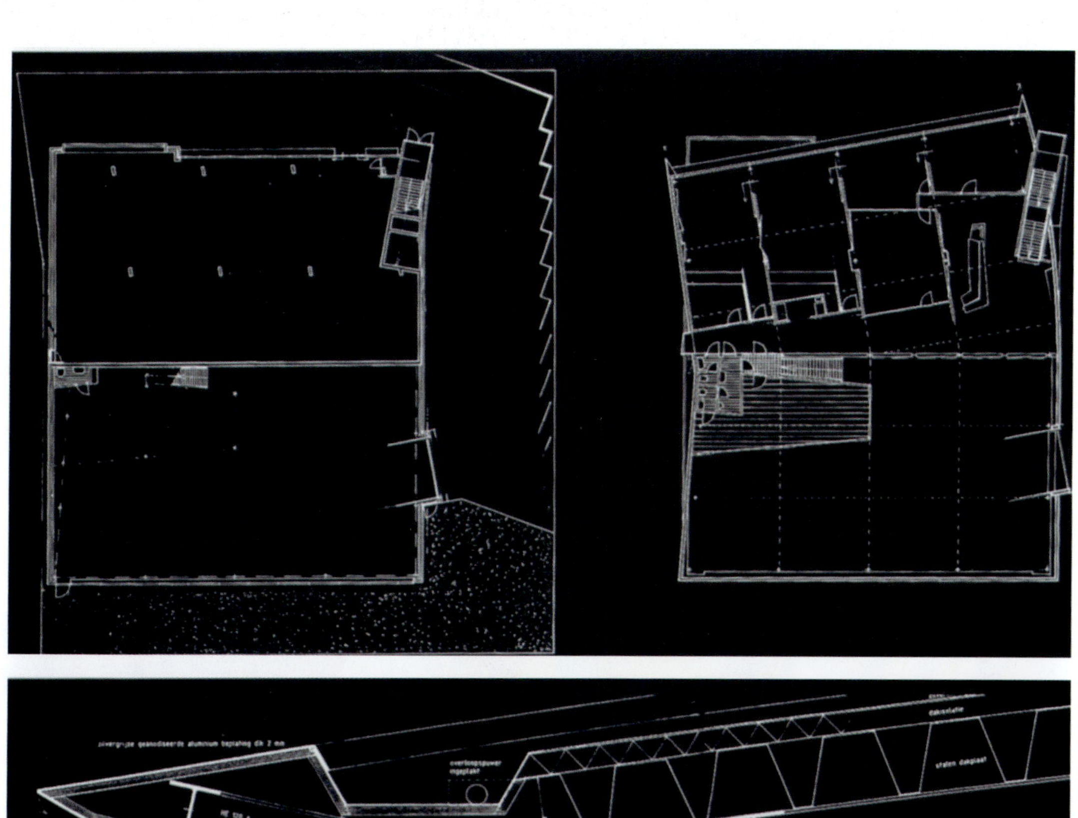

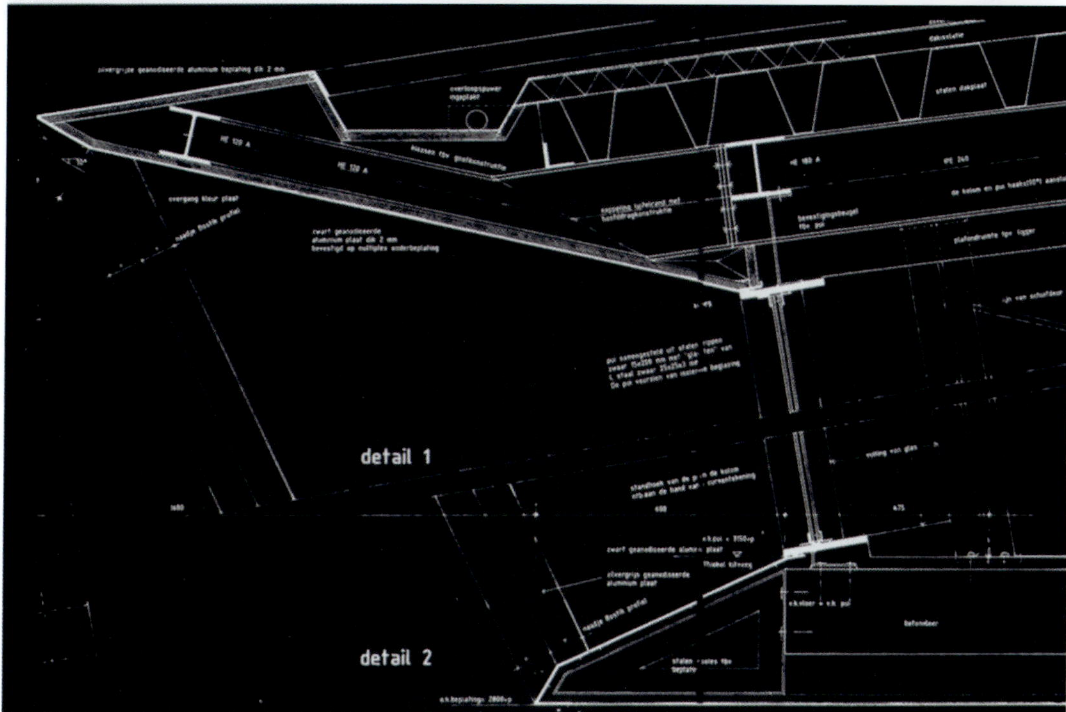

detail 1
detail 2

한스 오피스
Haans Office

카이저바트는 아헨의 옛 온천장 자리에 세워진 건물로서 사무실, 주택, 점포, 갤러리 등이 혼재되어 있는 복합건물이다. 그러므로 특별한 주 출입구는 없고 각 기능별로 분산된 개별 출입구를 통해 진입이 이루어진다. 세 개의 매스로 이루어진 이 건물은 형태적으로는 결합되어있지만 기능적으로 분리된 공간을 만들어내고 있다. 이 세 매스들은 지붕선 디자인과 중앙의 안뜰을 공유함으로써 서로 통합하고 있다. 이 건물은 도시의 역사적 의미와 고전적 도시풍경에 잘 조화를 이룬 작품으로 평가할 수 있다. 예전에 이곳이 온천 지역이었기 때문에 그 이름을 따서 카이저바트라는 이름을 얻었고, 전면에 v자 형으로 디자인된 지붕 선은 광장에서 뒤로 보이는 성당을 담아내기 위한 수법이었다. 그러므로 고전적인 도시 이미지를 가리지 않고 서로 조화시키기 위한 방법으로 형태적 기형을 취한 것이다. 그러나 그 형태가 어색하지 않고 서로 조화를 이루도록 디자인 되어 있다. 전면에 있는 매스는 지붕선이 v자 형태를 취하고 있어 배경으로 성당을 담고 있고, 이 매스 뒤편으로 다른 두 매스도 교묘하게 지붕선이 성당으로의 시야를 피하면서 디자인되어 있다. 각각의 건물들은 추상적인 형태를 취하면서 조화를 이루고 있다. 날카로운 사선을 디자인 요소로 사용하여 뒤에 있는 성당의 첨탑과 상응하는 디자인을 보여주고 있다. 세 매스들이 둘러싸고 있는 안뜰은 전면에서는 숨어 있다. 그러므로 상당히 조용한 공간을 형성하고 있는데, 형태적 다양함에서 가져오는 경쾌함을 이 곳 안뜰에서 차분함으로 치환시키고 있다.

Jo Coenen의 건축사고과정 – Jo Coenen

Jo Coenen

유럽의 도시에 대한 설계 프로젝트는 우선 사물을 잘 보고 잘 듣는 일로부터 시작되며 성급하게 자신이 좋아하는 것만을 하지 않는 것이 중요한 관점이다. 그 이유는 기존의 건조물을 면밀히 조사하고 분석함으로써, 건조물의 존재이유가 명확히 나타나기 때문이다. 이들 건물은 모두 전체의 문맥을 이루며 혹은 그 요소를 정확히 균형 있게 구성하고 있다. 나는 예상치 않은 것이나 모순된 것도 다루어보려는 생각에서 새로운 일에 뛰어들었다. 가로로서 분위기가 나지 않은 경우는 유기적이고 중량감 있는 강한 형태를 생각한다. 또한 그 가로의 계획에 있어서, 어떤 장려한 공원이나 성벽, 수로 등의 배치에 있어 방해받지 않도록 적정한 구성 안에서 그것을 강조하고 유연한 모습을 사용하는 것이다. 또한, 때에 따라서는 퇴폐스러운 도시 경관에 맞추기 위해 거칠고 딱딱하며 파편화된 접근방식을 사용한다. 그 가로의 분위기나 감정을 모두 알고있어야 올바로 표현할 수 있는 것이다. 나는 필요에 따라 이미 구축되어 있는 구조를 이해하고 그것이 지닌 특성을 완성하려고 하며, 혹은 그것에 따라 오히려 그것을 부정하고 삭제하려 하면서도 그 구조의 특성을 유지하려했다. 이러한 일은 즉흥시를 낭송하는 것과 유사하다. 완벽히 연주되었을 때만 아름답게 들리는 것이다. 이러한 이유에서 나는 이 가로의 객관적 역할, 기원, 실제모습, 장래의 전망, 또 한편으로는 순간의 그림자 부분을 반복해서 조사해 보았다.

특히 1960년대, 70년대 및 80년대에 개발된 네덜란드의 뉴타운의 외관은 절망적이었으며 건축 문화가 가장 치명적으로 손상된 것이라고도 말할 수 있다. 기능적인 면에서의 설계지식은 존재하나, 건축형태의 표현에 대한 지식이나 법칙이 없는 절망적인 상태였다. 1960년부터 1980년에 걸친 도시의 확장이라는 네덜란드의

1

2

4

방만한 현상가운데에서 찾아 볼 수 있는 도시계획의 여러 법칙이나 시대에 뒤쳐진 건축원리를 따르는 분위기는 당시 사회의 상황을 잘 보여주고 있다. 그 결과 혼이 사라진 개발업자나 건설업자로 인해 황폐한 장소가 되었다. 이것을 보고 나는 이 현상을 현대의 사회행동을 상징하는 현실로 받아들일 수 없었다. 이 때문에 나는 이들 상황과는 관계없는 확실한 건축의 매카니즘의 힘을 빌려 이 도시의 착실한 개발을 의도하는 방향을 수립하기 위한 건축언어를 탐구했다. 그러기 위해 우선 최초로 했던 일은 이 도시의 과거와의 접점을 이용하는 것이며, 다음은 이 도시의 건축, 예를 들면, 스노찌, 스털링, 알바로 시자 등의 건축가를 자세히 연구하는 것이었다. 내가 이러한 연구방법을 취했던 것은 이 대도시의 확장이 교통관계의 엔지니어, 계획가, 거기에 사회통계학자, 기타 전문가들에 의해 상당히 횡포하게, 일원적으로, 미숙하게, 또한 성급히 계획되었다고 생각했기 때문이다. 이들은 건축에 대한 지식이 전무하고, 이러한 현상을 불러 일으켰던 것도 스타일을 계승한다는 이상의 의미를 추구하지 않았기 때문이다. 그러나 같은 방향을 지향한 오픈 플랜에 있어서도 건축의 목적은 건축가들이 건축연구를 완고히 거부하기도 하고 그들의 허망을 채우려는 경향이 있기 때문에 옆길로 새는 일이 다반사였다.

1960년대부터 80년대에 걸친 건축물은 관리자의 무지와 컨설탄트 혹은 전문가들의 권위를 표출하고 있다. 나에게 있어 이러한 현상들은 오히려 무능력을 증명하는 것이기보다는 무지와 무식함을 보여주고 있는 것처럼 보였다. 나는 네덜란드 건축의 현상으로부터 한 국가가 이렇게 간단히 그 역사를 잃어버릴 수 있는지, 또한 아무런 배려 없이 그 문화적 감각을 감소시켜버릴 수 있는지가 잘 이해되었다.
현대의 건축가에 의한 개발계획의 커다란 위험성은 일반인들에게 그런 것이 건축이라는 인상을 부여해 버리고 만다는 것이다. 응용이라는 것은 대게는 신용할 수 없는 것으로 종종 장식과 같이 진실을 덮어 버리기도 한다. 그것은 건축에서, 거꾸로 혼란을 불러일으키고 있는 디자인 신드롬의 무가치한 것을 심미적으로 정당화시키는 니힐니즘의 극치, 실재가 아닌 실재, 가상, 가짜의 로맨티시즘으로 변형해 가는 공허한 드라마로 나

5

6

7

한스 오피스

타난다. 두 번째의 커다란 위험성은 특히 네덜란드의 경우 뉴-모더니즘 안에 잠재되어 있다. 이는 포스트모더니즘이 아니라 1930년대의 스타일의 응용에 지나지 않는다. 그리고 언어가 지닌 본래의 특성 이외에 장식에 있어 문제는 없다고 생각케 하는 것이다.

세 번째의 위험성은 절대적인 무엇인가가 빠져있다는 사실 속에 들어있다. 우리들을 둘러싸고 발전해 가는 기술이나 사치품 때문에 인간에게 있어 기본적으로 필요한 것이 무엇인가 하는 것이 보이지 않게 되었다. 따라서, 적정한 것이 무엇인가도 알 수 없게 되는 것이다. 모방이나 인위적 조작의 문제, 또한 그것에 사람들이 만족하고 있다는 문제, 광고선전에 의해 만들어진 환상적으로 만들어진 꿈의 세계 속에 살고 있다는 문제, 그것들은 건축에 있어 최대의 문제인 것이다. 많은 법칙이나 표준 그리고 지시가 있다는 것은 이 문제가 어떠한 문제에도 필적하는 것처럼 보이게 한다. 그러나 각각의 전문가들이 전체를 조각조각 나누어버리고 있기 때문에 누구도 실제로 만족할 수 없는 듯한 건물이 나타나며 누구도 실제를 경험할 수 없다라는 결과로 끝난다.

이들 건축은 전문가들이 상호 협력하면서 만들어놓은 것으로 오히려 건축가가 설 무대는 없다. 거기에 돌연, 누구도 예기치 않았던 작품이 나타나 건축가가 미학적으로 그 정당성을 증명하는 임무를 인수받았다. 때문에 이러한 상호 협력하는 기회라는 상황 안에서, 어떤 한 사람이 책임을 지는 일은 없었던 것이다.

내 주위에는 프레임 워크와 같은 공업제품을 사용한 건물을 몇 가지 볼 수 있다. 이들 건물은 교묘하게 생각해서 만들어진 것은 틀림없다. 그러나 현재, 나는 철골 골조를 보면 가슴이 두근거린다. 그것이 현재에도 아슬아슬하게 보여 붕괴될 것 같기 때문이 아니라, 그것들이 우리들의 사고방식의 명확한 증거이며 우리들 현대인의 심리상황의 증인의 역할을 하고 있기 때문이다. 그것들은 조악하며, 엉뚱하고 변덕스럽고, 조잡하고 값싼 것이다. 그것들은 현대의 지성에 대한 비통한 묘사이다. 그 외관이나 내부도 눈부신 커튼 월로 덮여있기 때문에 골조는 거의 보이지 않게 될 것이다. 이것은 현대문화에 대한 완전한 묘사이다. 외관은 경박하고 센티멘탈하며 지적인 화사드인 것에 반해, 내부는 버려진 듯한 것이다. 그것은 경박한 혼성곡(잡동사니, pot-

8

9

10

11

12

13

pourri)을 숨기고 있다. 건축가들이 흥미를 갖고 있는 것은 "이미지", 결국 표면 또는 독창적인 외벽면일 뿐이며, 그 뒤에 숨겨져 있는 것은 아니다. 만일 이것이 건축이 남긴 것의 전부라면, 곧 쇠락해 버리고 일찍 변해버리고 마는 양식이나 장식에 의해 변해버리게 될 것이다. 이것이 건축이 지닌 진의가 된다는 것은 나에게는 생각도 할 수 없는 일이다. 밤낮 제도판에서 몸을 굽히고 일에 취해 있는 사람에게 있어 건축이란 그 이상의 것이기 때문이다. 건축은 절대적인 것이다. 건축은 사물에 대한 존재 그대로의 진실을 우리들에게 말하는 것이다. 그것은 마치 자연이 그 모습을 격심하게, 신랄하게 또는 난폭한 방법으로 나타내고 있는 것과 동일하다. 내가 값싼 장식을 배제한 직선적이고 명료한 건축을 좋아하는 이유도 바로 거기에 있다. 그 구조나 표면 모두 주어진 기능에 대해 적정한 것이기 때문이다.
다시 한번, 나는 이 역사적 경관 안에서 건물을 세우는 자로서의 건축가의 눈으로 보려고 한다.

나는 다시 한번, 건축가의 전통적인 자세를 추구하려고 노력하고 있다. 그것에는 자신의 작품을 확실히 지키고 그것을 위해서는 자신이 사용한 재료, 건물의 양식을 결정하는 테크닉 및 주변의 인프라 스트럭쳐 모두를 머리에 담아두지 않으면 안된다. 건축가는 이 도시에 있는 손상되지 않는 강력하고 올바르게 지어진 건축에 대한 상세를 가슴속의 백과사전에 모아두고, 필요하면 언제나 꺼낼 수 있도록 해 두어야 할 것이다. 나는 손상되지 않는 힘이 넘치는 올바른 건축, 그리고 하고 싶은 건축이 좋다. 건축과 건축물은 수세기의 역사를 지니고 있으며, 그리고 우리들은 비트루비우스에 의한 건축의 정확한 자료를 이미 손에 넣었다. 그러나 이러한 역사에 대한 인식과는 다른 곳에서 무언가 새로운 것이 진행중이다.
우리들이 하나의 건축을 다룰 때, 혹은 건축의 집단, 바로 도시를 논하는 경우에도 어떤 경우에도 건축의 이미지라는 것은 이전에도 많았던 상업적인 행동이나 사고방식의 대상이 되고 있다. 건축가는 그들 대상물을 쉽게 매력적인 것으로 만드는 속임수의 마술사가 되고 있는 것이다. 이러한 현상이 한계에 도달했다는 사실은 자기만족을 추구하는 포스트모던의 형식적인 실험이나 건축적인 고려는 전혀 없이 지금의 낭비라고 보이는 내용 없는 건물에 잘 나타나 있다.

한스 오피스

여기서 건축의 가치와 의미를 다시 한번 정의하고 확인해 둘 필요가 있다. 나는 자신의 경험을 통해서 뿐만 아니라 학생을 가르친다는 체험을 통해 건축의 현상을 보다 깊게 통찰하는 안목을 얻으려고 노력했다. 그리고 나는 다음과 같은 결론에 도달했다.

"건축은 아름답게 존재할 필요가 없다. 조심스럽고 소극적인 작품은 그것이 절대적인 것인 한 아름답게 보이는 것이다."

문제는 건축이라는 것이 하부구조를 건축의 위치에까지 높이기 위해 맛을 더하는 소스와 같은 것이 아니라는 사실이다.

내 생각에는 건축은 또한, 인생과 그것에 필연적으로 수반되는 여러 층(layer)을 표현한 것이다. 결국, 건축가라는 우리들의 일, 따라서 그 의무는, 모든 것을 포함한 매우 폭넓은 것이다. 만족을 부여한다는 것은 건축 기능의 일부이다. 그것은 우리들의 가정, 결국 도메스틱한 환경뿐만 아니라 작업장이나 가로의 인프라

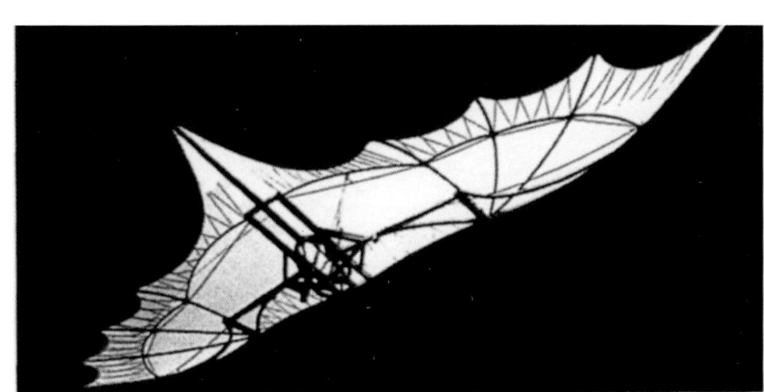

15

16

17

18

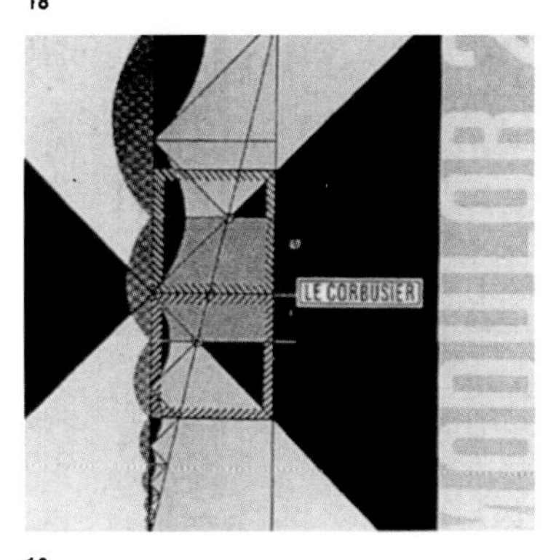

19

스트럭춰라고도 말할 수 있는 것이다. 결국 우리들의 생활을 가능케 하고 있는 것이나 자연에 영향을 미치는 모든 것에 대한 것이다. 나는 인프라 스트럭춰의 건설에도 흥미를 갖고 있다. 내가 건축적 전망을 갖고 건물의 건설과 같이 중요한 공공공간의 설계에 참여했을 때 교통문제의 효과적인 해결책에 대해 생각한 것도 이러한 이유에서였다. 건축에 관한 문제는 이와 같이 건조물에 한정된 것이 아니다. 도시계획의 전통은 오히려 우리들 도시와의 연결을 지니지 않았다고 말했던 것 때문에, 건축의 매우 커다란 스케일의 문제에 결부되어 있으며, 각각이 어떻게 조화를 이루고 있는가하는 문제가 당연히 포함되게 된다. 대지라는 것이 이 만큼 귀중한 상품이 되며, 오히려 자유롭고 쉽게 천연자원을 다루는 것이 가능치 않게 되었기 때문에, 우리들에게는 사물이 어떻게 조화를 이루는가를 계속 지켜보아야 할 책임이 있다. 나는 그렇게 생각한다.

20

22

21

23

Haans Office.

Mina Krusemanweg 1, Tilburg, The Nederland, Jo Coenen

작품설명

| 디자인 컨셉 |

이 건물은 상당히 기하학적인 건물이다. 건물은 정방형의 큐빅을 연상시키고 있고, 입면 또한 그리드 모듈이 드러나는 형식을 취하고 있다. Jo Coenen 작품에서 드러나는 기둥의 선적 요소와 지붕 슬라브 표현 등의 건축어휘가 이곳에도 드러나고 있다. 건물은 습지 위에 떠있는 형상을 하고 있는데, 매스는 크게 3개로 구성되어 있다. 진입부에 있는 매스와 주 매스, 그리고 이 둘을 이어주는 다리역할을 하는 매스 이렇게 3개의 매스는 ㄷ 자 형태를 이루고 있다. 건물 전체 이미지는 판형의 선적요소가 주를 이루고 있는데, 주 출입구 매스를 보면 알 수 있다. 주 출입구의 수평 슬라브는 공간을 한정해서 강한 흡입을 유도하고 있고 사무 동까지 뻗어있는 수직 벽체는 시선을 강하게 사무 동으로 안내하고 있다.

내부 공간은 기둥과 슬라브로 구성된 자유 평면을 볼 수 있는데, 특히 코어부분 등을 공간 안에 배치하여 오브제로서 보이도록 디자인되었다.

| 프로그램 |

이 건물은 틸부르크(Tilburg)의 외곽에 위치하고 있다. 주변은 조용한 지역으로 주변시설은 거의 눈에 띄지 않고, 단지 자연 속에 나무와 늪, 그리고 작은 공장들이 들어서 있다. 이 건물은 가구 오피스 건물로 사무실과 전시장, 그리고 사원 식당으로 구성되어 있다. 입구에 있는 매스는 식당으로 사용되면서 야외 테라스까지 갖추고 있어 풍요로운 공간을 창출하고 있다. 한편 다리역할을 하는 60m 길이의 매스는 수직 벽을 사이에 두고 한쪽은 연결다리, 다른 한쪽은 호수를 감상할 수 있는 테라스를 이루고 있다. 그리고 사무 동은 가장 끝에 위치하고 있어 긴 여정의 중착지로서 계획되어 있다.

| 동선순환체계 |

이 건물은 주변의 자동차도로에서 바로 인지가 되는 곳에 위치하고 있다. 도보로 접근하기에는 어려운 곳에 위치하고 있기 때문에 대부분 자동차를 이용하여 접근하게 된다. 처음에는 건물의 사무실 매스를 인식하고 접근하지만, 점점 다가갈수록 입구 매스의 주 출입구를 인식하게 된다. 이곳을 통해 60m의 긴 다리를 건너가면서 좌측으로 호수를 바라볼 수 있는 테라스와 연결된 개구부를 지나게 되고 조금 더 이동하면 계단을 통해 사무실 매스에 이르게 된다. 사무실에서 처음 접하는 공간은 로비공간으로 단면구성이 상당히 재미있게 구성되어 있음을 볼 수 있는데, 단순히 슬라브를 통해 층이 구분된 것이 아니라, 단면에 빈 여백을 두어 공간이 숨쉬도록 계획되어 있다.

사무실의 수직동선은 엘리베이터와 화장실로 구성된 코어와 별도의 수직계단이 코어에서 떨어져 하나의 시각적 장치로 설치되어 그 기능을 담당하고 있다. 아래층으로 내려가면 대부분 가구전시장으로 쓰이는 단일 공간을 구성하고 있다.

| 구조 시스템 |

이 건물은 사무실 매스가 5층 건물이고 나머지 매스들은 낮게 깔려있는 형태이다. 그 중에서 기둥과 슬라브, 그리고 사각형의 검은 평 지붕, 이것들이 가장 먼저 시야에 들어온다. 입면은 그리드 모듈에 따라 대부분 유리 커튼 월로 구성되어 있고 부분적으로 패널이 매스를 구성하고 있다. 그리고 이 건물은 구조와 평면 계획에서 열 관리 프로그램에 따라 설계되었고, 유리 입면 등 자재선택에서도 이러한 점을 고려하였다.

| 주요 디테일 |

- **사원식당**: 건물 전면에 배치되어 있고, 가벽을 통해 입구에서는 인식되지 않는다. 그러나 그 벽을 넘어 정원과 반대편 호수를 통해 전원적인 공간을 제공한다.
- **내부 코어**: 직선과 사각형으로 구성된 모든 구성요소들에서 엘리베이터와 화장실로 구성된 이 코어는 추의 형태를 하고 있어 내부공간에 포인트가 된다.
- **붉은 기둥**: 사무실 매스의 구조체를 이루는 수직 기둥은 부분적으로 외부에 노출되어 있는데, 붉은 색으로 마감되어 무채색의 입면에 강한 인상을 준다.